Mehr als das Leben, das Sie kennen – Das Numerologie Buch für Einsteiger

Wie Sie mit Zahlen die wahre Bedeutung Ihres Lebens verstehen, den Status quo endlich durchbrechen & Ihr Potenzial entfalten

Cerstin Bruhnet

Inhalt

Einleitung

Wir leben in einer schnelllebigen Zeit, in der wir von den äußeren Reizen unserer Umwelt überflutet werden. Die Technologie ermöglicht es uns, jedes Jahr neue Modelle von Handys, Fernsehern, Software und Co. auf den Markt zu bringen. Kennen Sie diese Müdigkeit, die Sie verspüren, wenn Sie zwischen Job, Familie, Netflix und verschiedenen anderen Aktivitäten hin und her springen? In diesem turbulenten Leben, das wir führen, kann es schwer sein, sich richtig zu entspannen und den täglichen Druck und Stress abzubauen. Es bleibt auch keine Zeit, sich selbst genauer unter die Lupe zu nehmen und sich grundlegende Fragen zu stellen: Wie geht es mir im Moment? Fühle ich mich gut und entspannt? Oder fühlt sich im Moment alles eher stressig an und es scheint, als würde ich mich von einem Tag auf den anderen abmühen? Warum ist das so? Was erwarte ich noch von meiner Zukunft? Was kann ich tun, um etwas zu ändern? Glücklicherweise gibt es ein uraltes Wissen, das uns helfen kann, uns über Stress und hektische Zeitpläne zu erheben und neue Kraft zu schöpfen. Dieses Wissen finden wir in den Lehren der Numerologie.

Viele Menschen können sich nicht vorstellen, dass einfache Zahlen uns zu mehr Kraft, Ausgeglichenheit und Zufriedenheit verhelfen können. Aber die Wissenschaft der Numerologie verspricht uns genau das. Sie hilft uns, mehr Energie und Stabilität in unserem täglichen Leben zu gewinnen. Mit ihr können wir unseren Geist, unseren Körper und unsere Seele wieder ins Gleichgewicht bringen. Wenn wir uns der Signale bewusst werden, die unser Körper uns mithilfe dieser Zahlen sendet, können wir uns diesen Signalen bewusst werden und uns weiterentwickeln.

Die Numerologie ist auch ein wichtiges Instrument, um uns selbst besser kennen und verstehen zu lernen. Denn jeder Mensch hat eine einzigartige Zahlenschwingung in seinem Namen und seinem Geburtsdatum eingraviert. Diese Zahlen können uns helfen, unsere Talente und Potenziale zu erkennen und zu verstehen, wie wir uns in verschiedenen Situationen verhalten können. Die Numerologie kann uns also dabei unterstützen, uns selbst besser zu verstehen und ins Gleichgewicht zu kommen. Wir finden uns selbst wieder und leben unser Leben gemäß unserer Bestimmung. Wir irren nicht mehr umher, sondern wissen genau, warum wir hier sind und was wir zu tun haben.

Die Numerologie ist ein uraltes Wissen, das die Bedeutung der Zahlen für unsere Persönlichkeit und unser Schicksal erklärt. In diesem Buch werden Sie lernen, warum Numerologie für jeden von uns so wichtig ist, was sie den Menschen bringt und wie sie ihr Leben verbessern kann. Sie basiert auf dem Urprinzip, alles im Universum sei numerisch bestimmbar und beeinflussbar. Diese Lehre geht zurück auf Pythagoras (572–494 v. Chr.), einem griechischen Philosophen und Mathematiker sowie Begründer der harmonischen Zahlenspiele. In der heutigen Zeit ist Numerologie so wichtig wie eh und je, denn sie kann uns helfen, unser

Leben besser zu verstehen und zu gestalten. Sie bringt uns vieles: Sie kann unsere Persönlichkeit offenbaren, unsere Stärken und Schwächen aufzeigen sowie Blockaden und Hindernisse in unserem Leben identifizieren. Durch die Kenntnis dieser Faktoren können wir anfangen, unser Leben bewusster zu gestalten und es so verbessern. Wenn wir verstehen lernen, was Numerologie ist und wozu sie gut ist, dann können wir damit beginnen, unser Schicksal selbst in die Hand zu nehmen, anstatt uns von den Umständen treiben zu lassen.

Die Numerologie ist ein großer, vielfältiger Bereich, der uns in die Welt der Zahlen führt und Aufschluss über ihre verborgene Bedeutung gibt. Sie werden feststellen, dass die Zahlen von 1 bis 9 immer wieder Erwähnung finden werden. Zudem widmen wir uns auch der Bedeutung der Symbolik. Symbole gibt es schon seit Menschengedenken und sie sind überall präsent, man muss nur genau hinschauen. Die Mathematiker des Altertums haben Zahlen oft als Sinnbilder universeller Schicksalsfügung beschrieben, weil sie glaubten, dass sie die Persönlichkeit repräsentieren. Symbole werden von allen Menschen auf der gesamten Welt verstanden, weil sie Zeichen für bestimmte Worte oder Gegenstände sind. Sie fungieren als Mittler zwischen Verstand und Geist und sprechen damit die Sprache unserer Seele an.

Das Unterbewusstsein spielt eine wichtige Rolle bei der Reifung und Wahrnehmung von bestimmten Bildern, Symbolen und Motiven. Diese Gemeinsamkeiten werden auch als Archetypen oder Urbilder bezeichnet (s. C. G. Jung). Archetypische Bilder greifen auf das Unterbewusstsein zurück, um Menschen beim Verarbeiten von Informationen zu helfen. Auch Zahlen können sehr bedeutende Symbole sein und vom menschlichen Unterbewusstsein erkannt werden. Man kann auch sagen: In unserem Geist sind viele wertvolle Informationen gespeichert, welche mit Zahlen und Symbolen in Verbindung stehen. Diese Informationen befinden sich jedoch auf einer unbewussten Ebene, wir merken also nicht, dass sie da sind. Doch jedes Mal, wenn Sie hören, wie eine Zahl ausgesprochen wird, dann folgt diesem Laut auch eine ganz bestimmte Schwingung. Unser Unterbewusstsein reagiert auf diese Schwingung, da es passende Informationen dazu abgespeichert hat, welche nun ihre Wirkung entfalten. Durch die Zahlen und Symbole in unserem Leben steht uns praktisch ein großer Wissensschatz in unserem Unterbewusstsein zur Verfügung. Mit diesem Wissen können wir eine ganz andere Sichtweise auf die Umstände in unserem Leben bekommen, wir können unser Leben neu bewerten und unser Handeln in Zukunft anders ausrichten. In diesem Buch zeigen wir Ihnen die wichtigsten Zahlen Ihres Lebens, wie diese zu interpretieren sind und wie man sie berechnet. Damit Ihnen zukünftig dieser große Wissensschatz für Ihr Leben zur Verfügung steht.

Und noch ein Tipp: Wenn Sie beim Lesen spontan Lust bekommen, um eine Ihrer persönlichen Zahlen zu bestimmen, dann finden Sie hinten in diesem Buch einige Vorlagen, mit denen Sie die Berechnung übersichtlich gestalten können. Zudem finden Sie auf diesen Vorlagen zur Unterstützung nochmal die Umrechnungstabelle für das deutsche Alphabet sowie eine Kurzanleitung, wie man jede Zahl berechnet.

Teil 1: Grundlagen

Die Geschichte der Zahlen reicht weit in die Vergangenheit zurück. Schon damals wurden Zahlen verwendet, um Dinge zu vergleichen oder um etwas genauer zu beschreiben. Heutzutage sind sie unverzichtbar. Wir verwenden sie überall: von der Uhrzeit bis zum Wetterbericht. Ohne Zahlen wäre unsere Welt einfach nicht mehr dieselbe. Aber die Bedeutung von Zahlen hat sich im Laufe der Zeit stark verändert.

In der Vergangenheit wurden Zahlen oft mit mystischen Kräften in Verbindung gebracht. Viele Menschen glaubten, dass bestimmte Zahlen Glück oder Unglück bringen können. Als die Mathematiker der Vergangenheit Zahlen beschrieben, taten sie es oft als Symbole ganzheitlicher und göttlicher Schicksalsfügungen. Zahlen galten hier als wichtige Hinweise, die auf die Persönlichkeit eines Menschen schließen lassen. Im Alten Testament geben Zahlen und Buchstaben Hinweise auf verschlüsselte Botschaften. Im Mittelalter wurden Zahlen sogar in Bezug auf die Zukunft und häufig auch auf die Endzeit oder das Jüngste-Gericht interpretiert. Haben Sie sich schon einmal gefragt, warum Sie so heißen, wie Sie heißen? Haben Sie sich jemals gefragt, ob Ihr Name etwas über Ihren Charakter verrät? Schon in der Antike stellten die Menschen fest, dass unser Name einen großen Einfluss auf die Entwicklung unserer Gedanken, Gefühle und Handlungen haben kann. So kamen sie zu dem Schluss, dass bestimmte Buchstaben und Silben für bestimmte Eigenschaften stehen. Heute sehen wir Zahlen eher als bloße Symbole für bestimmte Mengen an. Wir denken nicht mehr darüber nach, was sie wirklich bedeuten könnten. Doch vielleicht sollten wir das tun, denn diese Bedeutung hat sich im Laufe der Zeit nicht geändert, nur unsere Interpretation.

Die Numerologie kann Ihnen helfen, sich selbst besser zu verstehen und Ihr Schicksal zu erfüllen. Bisher haben Sie sich im Leben möglicherweise nicht sonderlich wohlgefühlt. Sie sind viel herumgekommen und haben viele unterschiedliche Erfahrungen gemacht, aber etwas fehlte immer. Sie fühlten sich getrieben, ohne zu wissen, wohin. Mithilfe der Numerologie kann Ihnen die Struktur und Sicherheit gegeben werden, die Sie benötigen, um Ihren ganz eigenen Weg zu beschreiten. Numerologie betrachtet Zahlen als Sprache des Universums und geht davon aus, dass jede Zahl eine bestimmte Bedeutung hat. Diese Bedeutungen können uns mitteilen, wer wir sind und was unser Schicksal ist. Jede Zahlenart hat ihre eigene Bedeutung und kann uns Aufschluss über verschiedene Aspekte unseres Lebens geben.

Sie finden die lang ersehnten Antworten auf all Ihre brennenden Fragen und erhalten eine einfache Einführung in die Numerologie. Darüber hinaus werden Sie Schritt für Schritt immer mehr über sich selbst entdecken. Darüber hinaus können Sie lernen, andere Menschen zu verstehen und einzuschätzen. Vertrauen Sie der Lehre und folgen Sie diesem Weg mit Ihrem Herzen.

Warum die Numerologie tatsächlich „funktioniert“

Numerologie ist eine alte Praxis, die sich mit der Bedeutung von Zahlen und ihrer Auswirkung auf den Menschen beschäftigt. Sie geht davon aus, dass jede Zahl eine bestimmte Energie und Schwingung hat, die auf den Menschen übertragen werden kann. Die Numerologie wird oft in Verbindung mit Astrologie, Tarot und anderen esoterischen Praktiken gebracht, aber es gibt auch viele Menschen, die sie als wissenschaftliche Disziplin betrachten.

Die Lehren der Numerologie basieren auf der Idee, dass alles im Universum miteinander verbunden ist. Diese Vorstellung ist in vielen Bereichen der Wissenschaft, wie der Quantenphysik, zu finden. Numerologie geht davon aus, dass die Schwingungen und Energien der Zahlen die Schwingungen und Energien des Menschen beeinflussen können. Jeder Mensch ist einzigartig und hat seine eigene Schwingung. Numerologie bietet eine Methode, um diese Einzigartigkeit zu erfassen und zu verstehen. Durch die Analyse von Namen und Geburtsdaten kann man erkennen, welche Frequenzen das Energiefeld eines Menschen hat und wie es sich auf sein Leben auswirkt. Darüber hinaus kann man erkennen, wie die Energien auf den Körper, den Geist und die Seele Einfluss nehmen und in Wechselwirkungen zueinander stehen.

Im folgenden Teil gehen wir auf einige Gesetzmäßigkeiten unseres Universums ein. Diese Gesetze wirken ständig und sie gelten für uns alle. Wenn Sie die Zusammenhänge zwischen diesen Gesetzen und der Numerologie verstehen, dann können Sie auch erahnen, wie die Zahlen in Ihrem Leben sich tatsächlich auf Sie auswirken. Sie beginnen, hinter die Kulissen des Alltäglichen zu blicken und begreifen, dass es noch mehr in Ihrem Leben gibt. Und Sie werden verstehen, warum diese scheinbar übernatürlichen Dinge so wirken, wie sie es nun mal tun.

Das Prinzip von Ursache und Wirkung

Alles, was auf dieser Welt geschieht, untersteht dem Kausalitätsgesetz oder auch dem Gesetz von Ursache und Wirkung. Das bedeutet, dass für jede Wirkung eine Ursache verantwortlich ist. So wie ein Stein nicht von selbst in die Höhe fliegen kann, so kann auch kein Ereignis ohne entsprechende Ursache stattfinden. Wo keine Ursache ist, da ist auch keine Wirkung. Das Kausalitätsgesetz ist also die Grundlage für alles, was in unserer Welt existiert. Auf den ersten Blick mag es vielleicht nicht so wirken, doch wenn man genauer hinsieht, bemerkt man schnell, dass alles seine Ordnung hat. Das Gesetz von Ursache und Wirkung besagt, dass jede Handlung, jeder Gedanke und jede Entscheidung, die wir treffen, Auswirkungen auf unser Leben hat. In der Numerologie wissen wir, dass die Schwingungen der Zahlen, die uns umgeben, eine Ursache für bestimmte Ereignisse und Umstände in unserem Leben sind. Unser Geburtsdatum und unser vollständiger Name sind die wichtigsten Zahlen, die unser Schicksal bestimmen. Unser Geburtsdatum gibt

Aufschluss über unsere Lebensaufgabe und unsere Persönlichkeit, während unser vollständiger Name Aufschluss über unsere Talente und Fähigkeiten gibt. Durch die Analyse dieser Zahlen kann man erkennen, welche Eigenschaften und Herausforderungen uns im Leben begegnen werden und wie wir am besten damit umgehen können. Numerologen gehen davon aus, dass es möglich ist, das Schicksal einer Person durch die Analyse ihres Namens und Geburtsdatums zu bestimmen. Mithilfe der Numerologie erkennen wir, dass die Zahlenkombinationen Einfluss auf uns nehmen und wie wir damit am besten umgehen sollten. Durch eine Veränderung unseres Namens oder durch das Tragen bestimmter Zahlen kann sich unser Schicksal verändern. Diese Veränderungen der Energie beeinflussen uns und können uns helfen, unsere Ziele und Träume zu verwirklichen.

Es gibt jedoch auch Kritiker, die argumentieren, dass die Numerologie keine wissenschaftlichen Beweise hat und dass die Idee, dass Zahlen unser Schicksal beeinflussen, unsinnig ist. Diese Kritiker ignorieren jedoch die Tatsache, dass die Numerologie seit Jahrhunderten von Menschen auf der ganzen Welt praktiziert wird und dass viele Menschen außergewöhnliche Erfahrungen mit ihr gemacht haben. Es gibt viele Fälle, in denen Menschen durch die Anwendung von Numerologie ihr Leben verbessert haben, indem sie ihre Talente und Fähigkeiten besser verstehen und nutzen konnten, sowie durch die Vermeidung von negativen Einflüssen.

Insgesamt ist es wichtig, die Numerologie mit einer offenen und wissbegierigen Haltung zu betrachten. Wenn Sie bereit sind, sich auf die Idee einzulassen, dass Zahlen und Schwingungen eine Rolle in unserem Leben spielen können, kann Numerologie ein mächtiges Werkzeug sein, um Ihr Leben zu verbessern und Ihre Ziele zu erreichen. Es ist eine alte Wissenschaft, die uns helfen kann, uns selbst und die Welt um uns herum besser zu verstehen, und das kann für jeden von uns von unschätzbarem Wert sein.

Karma ist die Energie, die wir aussenden und die zu uns zurückkommt. Es ist das Gesetz von Ursache und Wirkung. Mit jeder Sekunde tragen wir mit Gedanken, Worten und Taten etwas zu unserem Karma bei. Was wir aussähen, kommt irgendwann wieder zu uns zurück. Es ist ein kosmisches Gesetz, das nicht von Menschen erschaffen wurde. Deshalb können wir uns auch nicht davor drücken. Wenn wir Gutes tun, gibt es irgendwann positive Ereignisse in unserem Leben. Gleiches gilt für negative Handlungen. Sie bringen negativen Karmaeinfluss hervor. Doch Karma ist nicht nur Negatives oder Positives im Leben. Es gibt verschiedene Arten von Karma, die uns alle beeinflussen. Zum Beispiel haben wir Familiengeschichten oder Karma aus anderen Leben, das sich in diesem Leben auswirkt. Auch unsere Umgebung kann unser Karma beeinflussen – sowohl positiv als auch negativ. Jeden Tag entscheiden wir, ob wir neues Karma schaffen oder bestehendes verstärken möchten. Natürlich können wir nicht alles immer richtig machen und manchmal läuft es einfach anders als geplant. Aber bei den kleinen Dingen des Alltags haben wir die Macht, unseren Karmaeinfluss zu lenken – auf unsere ganz persönliche Weise.

Das Resonanz- oder Schwingungsgesetz

Aus dem Lateinischen übersetzt, bedeutet Resonanz so viel wie „Widerhall“. Alles und jedes in diesem Universum, unserer Galaxie, unserem Sonnensystem und bis hin zu den kleinsten Partikeln, die man sich vorstellen kann, hat seine eigene Energie oder Schwingung. Es ist allgegenwärtig und wirkt auf alles andere ein. Alles ist in ständiger Resonanz miteinander und beeinflusst sich gegenseitig. Diese Energie ist wie eine Welle, die immer weitergeht und alles mitnimmt, was ihr im Weg steht. Das Gesetz der Resonanz besagt, dass sich jedes Objekt mit der gleichen Frequenz anzieht. Die Frequenz dieser Schwingung kann unterschiedlich hoch oder niedrig sein. Je höher die Frequenz ist, desto positiver wirkt sie sich aus. Eine hohe Frequenz schafft Harmonie und Ausgeglichenheit, während eine niedrige Frequenz Disharmonie und Ungleichgewicht verursacht.

Wenn Sie an eine Tür klopfen, können Sie sich nicht vorstellen, welche Ereignisse dadurch in Gang gesetzt werden. Wenn Sie hindurchgehen, öffnen Sie sich für die Schwingungen des Raumes, in dem Sie sich bewegen. Sie sind nun Teil dieser Umgebung und tragen zu deren Harmonie oder Disharmonie bei. Genauso verhält es sich mit den Symbolen und Zahlen, die wir im täglichen Leben sehen und hören. Jeder Name, jede Zahl und auch die Worte, die wir sprechen, haben eine bestimmte Schwingung. Diese Schwingungen beeinflussen nicht nur uns selbst, sondern auch unsere Umgebung. Wenn unser Name ausgesprochen wird, dann gehen auch damit ganz bestimmte Frequenzen einher. Da wir unseren Namen oft zu hören bekommen, sollten diese Schwingungen passen.

Das Spiegelprinzip

Eine Ergänzung zum Resonanz- und Schwingungsgesetz ist das Spiegelprinzip, auch bekannt als das Gesetz der Reflexion. Es besagt, dass alles im Universum sein Gegenstück hat und dass jeder von uns eine spezifische Schwingung ausstrahlt, die von anderen aufgenommen wird. Diese Schwingungen beeinflussen sowohl unser eigenes Verhalten als auch das Verhalten anderer Menschen in unserem Umfeld. Jede Zahl hat eine eigene Schwingung und wenn wir lernen, diese Schwingungen zu verstehen und zu nutzen, dann können wir unser Leben besser verstehen und es signifikant verbessern. Indem wir unsere Geburtsdaten, Namen und andere wichtige Daten in numerologische Analysen einbeziehen, können wir unsere Stärken und Schwächen identifizieren, unsere Lebenswege besser verstehen und uns auf die Herausforderungen und Chancen vorbereiten, die uns im Leben begegnen werden. Das Spiegelprinzip spielt in der Numerologie eine wichtige Rolle, da es uns dabei hilft, die Schwingungen anderer Menschen zu verstehen und mit ihnen besser in Beziehung zu treten. Wenn wir begreifen, welche Frequenzen andere Menschen ausstrahlen, können wir besser nachvollziehen, warum sie sich in bestimmter Weise verhalten und was wir tun können, um unsere Beziehungen zu ihnen zu fördern.

Ein weiteres wichtiges Konzept in der Numerologie, das eng mit dem Spiegelprinzip zusammenhängt, ist die Vibration. Jeder Mensch hat seine eigene Vibration, die durch seine Geburtsdaten, Namen und andere wichtige Daten bestimmt wird. Indem wir unsere eigene Vibration verstehen, können wir uns besser auf die Schwingungen anderer Menschen einstellen. Wenn wir das Spiegelprinzip und die Vibration in Betracht ziehen, können wir uns auf eine tiefere Ebene mit anderen Menschen und mit uns selbst verbinden.

Das Gesetz der Polarität

Es gibt viele Dinge in der Natur, die zwei Seiten haben. Das kann man an den extremen Temperaturen sehen, die auf der Erde herrschen. Man denke nur an die Hitze des Sommers und die Kälte des Winters. Oder an die Berge und Täler, die sich auf der Erde befinden. All diese Dinge sind Teil der natürlichen Ordnung der Dinge und sie alle haben ihren Zweck. Das Gleiche gilt für die Menschen. Auch wir haben zwei verschiedene Seiten: unsere innere und äußere Welt. In unserer Innenwelt befinden sich unsere Gedanken und Gefühle, während wir in der äußeren Welt mit unserem Körper agieren. Auch hier ist es wichtig, dass beide Seiten in Balance gehalten werden. Ein Pol braucht einen Gegenpol, denn nur zusammen bilden sie das große Ganze.

Das Gesetz der Polarität besagt, dass alles im Universum zwei Gegensätze hat, die miteinander in Wechselwirkung stehen. Diese Gegensätze können sich in vielen verschiedenen Formen manifestieren, wie Tag und Nacht, Gut und Böse, positiv und negativ. Diese Gegensätze bilden zusammen ein Ganzes und sind notwendig für das Funktionieren des Universums.

Auch jede Zahl hat eine polarisierende Wirkung und diese Polarität kann uns helfen, unser Leben besser zu verstehen. Indem wir die Polarität der Zahlen in numerologischen Analysen betrachten, können wir uns auf die positiven und negativen Aspekte jeder Zahl konzentrieren und erkennen, wie sie sich in unserem Leben auswirken. Das Gesetz der Polarität spielt in der Numerologie eine wichtige Rolle, da es uns dabei hilft, die verschiedenen Aspekte unseres Lebens besser zu verstehen und zu akzeptieren. Wir können erkennen, dass jede Erfahrung, jede Beziehung und jede Entscheidung sowohl positive als auch negative Auswirkungen hat und dass es wichtig ist, beide Seiten zu betrachten, um unser Leben in Balance zu halten.

Ein weiteres wichtiges Konzept ist dabei die Dualität. Jede Zahl hat ihre eigene Dualität, die durch ihre polarisierende Wirkung bestimmt wird. Indem wir die Dualität jeder Zahl verstehen, können wir uns auf die verschiedenen Aspekte unseres Lebens einstellen und unsere Entscheidungen besser treffen. Jede Zahl hat eine gegenteilige Seite wie positive und negative Aspekte. Bisher haben wir immer geglaubt, dass es nur einen Weg gibt, die kosmischen Kräfte zu nutzen. Doch jetzt haben wir erkannt, dass es zwei Pole gibt und dass wir beide nutzen müssen, um die wahre Kraft der Kosmos zu spüren. Indem wir uns auf beide

Pole konzentrieren, öffnen wir uns der Möglichkeit, diese Kräfte in ihrer vollen Pracht zu erleben. Nur so können wir sie schöpferisch einsetzen und unser Leben positiv verändern.

Das Gesetz der Zyklen

Wie alles im Leben hat auch das menschliche Leben seinen festgelegten Kreislauf. Alles folgt seinem Rhythmus: Tag und Nacht, Ebbe und Flut, Ein- und Ausatmung, Leben und Sterben. Diese unendlichen Kreisläufe geben uns Sicherheit und Halt in unserem Leben. Doch manchmal werden wir aus dem Gleichgewicht gebracht. Wir können krank werden, unseren Job verlieren oder einen geliebten Menschen sterben sehen. In solchen Situationen fühlen wir uns hilflos und allein. Doch wenn wir uns daran erinnern, dass alles im Leben einen Zyklus hat, kann uns dies die Kraft geben, weiterzumachen. Denn wir wissen: Nach der Dunkelheit kommt immer wieder das Licht. Nach dem Winter kommt der Frühling. Und nach dem Tod gibt es neues Leben. In der Numerologie gibt es die sogenannten Rhythmusjahre. Diese Jahre sind von großer Bedeutung, da in ihnen einige der wichtigsten Ereignisse des Lebens stattfinden. Doch warum ist das so? Experten sagen, dass sich mit den Jahren die Energien verändern und neue Möglichkeiten entstehen. Es ist also eine gute Gelegenheit, Neues zu beginnen und alte Gewohnheiten abzulegen. So kann man sich positiv verändern und sein Leben auf eine bessere Bahn lenken.

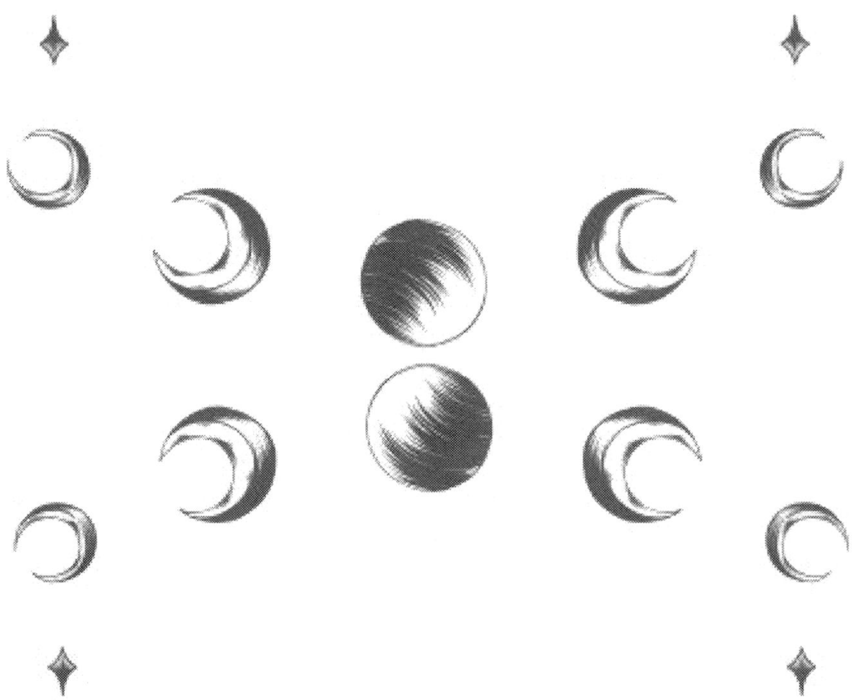

Welche persönlichen Zahlen bringe ich mit?

Numerologie ist vielleicht eines der ältesten Systeme, das uns Menschen zur Verfügung steht. Unser eigener Name und unsere Geburtsdaten enthalten viele wertvolle Informationen über unsere Persönlichkeit, unsere Lebensziele, unseren Lebensweg und die Herausforderungen, die wir erfolgreich meistern müssen, um dorthin zu gelangen. Um zu verstehen, wie Numerologie funktioniert, müssen wir zunächst die Grundlagen verstehen. Alles, was mit Numerologie zu tun hat, basiert auf Zahlen und deren Einfluss auf unser Leben. Zahlen liefern uns Einblicke, die uns darauf aufmerksam machen, welche Aspekte wir entwickeln und auf welchen Wegen wir unser bedeutendstes Lebensziel erreichen können. Der erste Schritt zur Dechiffrierung des Zahlencodes, der unser Leben formt, ist unser Name. Wenn wir unseren gesamten Namen in Zahlen umwandeln, erhalten wir eine Reihe von Zahlen, welche jedem Buchstaben unseres Namens zugeschrieben werden und mit denen wir nun rechnen können. Der nächste Schritt besteht darin, unseren Geburtstag in eine Zahl zu übersetzen. Unser persönliches Geburtsdatum zeigt die Energie und Möglichkeiten auf, die unser Leben und unsere Lebensziele formen. Durch die Kombination unserer Namenszahlen und unseres Geburtsdatums erhalten wir ein numerologisches Profil, das uns über unser Leben, unsere Eigenschaften und unser Lebensziel informiert.

Die Numerologie hat ihre Grundlagen tief in der menschlichen Psyche verankert ist. Es ist eine Art, um die Energien unserer Geburtsdaten und unseres Namens zu nutzen, um die Bedeutung und die Möglichkeiten in unserem Leben besser zu verstehen. Wir Menschen haben das Potenzial, mehr zu erreichen und mehr zu erfahren, wenn wir die Werkzeuge nutzen, welche die Numerologie uns zur Verfügung stellt. Unser Geburtstag ist mehr als nur ein Festtag, an dem wir unser Alter feiern. Es ist der Tag, an dem das karmische Geschenk, das uns vom Kosmos geschickt wurde, uns zu unserem Lebensweg und Lebensziel bringt. Unser Geburtsdatum ist voller Zahlen, die uns den Weg weisen. An unserem Geburtstag bekommen wir unsere kosmische Bestimmung – das Geschenk, das uns auf unserem Lebensweg begleiten wird. Das Geschenk ist in unseren Geburtsdaten codiert – Zahlen, die uns den Weg weisen, um unsere Seelenaufgaben zu erfüllen und unsere Lebensziele zu erreichen. In unserem Geburtstag liegt eine besondere Aufgabe verborgen, die uns auf dem Weg zu unserem Bestimmungsort führen wird. Dieser Weg begann am Tag unserer Geburt. Dieser Tag ist der Keim, der uns die Energie und Kraft gab, um uns daran zu erinnern, was wir vom Kosmos bekommen haben. Aber wir müssen uns daran erinnern, was wir aus unserem Geburtsdatum lernen sollen. Wir müssen nicht nur unser numerologisches Profil kennenlernen, sondern auch die tieferen Bedeutungen der Zahlen, die uns auf das Beste vorbereiten. Unsere Seelen können uns auf dieser Reise unterstützen, wenn wir innehalten und zuhören. Mit unserer inneren Stimme können wir unserer Intuition folgen, die uns dann wiederum helfen wird, unserem Schicksal zu vertrauen. Dieses Schicksal haben wir uns bereits vor unserer Geburt ausgesucht. In der geistlichen Welt haben wir die Entscheidungen getroffen, die unser irdisches Leben prägen, dazu zählen auch das Datum und die Uhrzeit unserer Geburt sowie unser Name. Unser Geburtstag ist der Tag, an dem das kosmische Karma uns begleitet. Mit einer tiefen Verbindung zu unserem höheren Selbst können wir uns der Bedeutung und Magie der Numerologie öffnen, die uns den Weg weist. Wir können über das Geschenk des Kosmos nachdenken und uns dessen bewusst sein, was es uns zu unserem Geburtstag geschenkt hat. Wenn wir das Geschenk annehmen und den Weg zu unserem Seelenauftrag und zu unserem Lebensziel finden, dann wird uns das kosmische Karma auf dieser Reise und in unserem Leben unterstützen.

Übersicht: Bedeutung Name und Geburtstag

Name: Verleiht uns das irdische Karma und den freien Willen, auf der irdischen Welt zu handeln.

Wir übernehmen bei der Geburt die Gene unserer Eltern. Diese beeinflussen uns in den folgenden Bereichen:

- Gesundheit
- Kultur und Tradition
- Prägungen
- Emotionale Veranlagung
- Erfahrungen

Geburtsdatum: Verleiht uns das kosmische Karma und damit die Fähigkeit, die übergeordnete, kosmische Macht, die uns ständig umgibt, wahrzunehmen. Wir sind mit einer vorhergesehenen Lebensaufgabe auf diese Welt gekommen, für die wir auf der irdischen Welt Erfahrungen machen müssen, um sie irgendwann umzusetzen. Das kosmische Karma gibt uns Auskunft darüber, was für Erfahrungen das sind und was wir in dieser Welt lernen sollen, um unsere Aufgabe zu erfüllen.

Das verraten Ihnen Ihre Zahlen

Sie kennen nun den Unterschied zwischen Ihrem irdischen und Ihrem kosmischen Karma. Daraus lassen sich nun die bereits erwähnten Zahlen genauer bestimmen.

Irdisches Karma

- Namenszahl
- Herzenszahl
- Persönlichkeitszahl
- Schicksalsweg
- Seelenmotivationszahl

Kosmisches Karma

- Schicksalszahl
- Geburtszahl

Wir können mithilfe des irdischen und des kosmischen Karmas einige Zahlen unseres Lebens ermitteln. Unser Lebensweg ergibt sich dann aus der Kombination der beiden. Eine Heirat führt dazu, dass sich die Zahlen entsprechend ändern und daher sollten sie neu definiert werden, da jetzt zusätzliche Schwingungen unserer neuen Familie Einfluss nehmen werden. Die Geburtszahl können Sie nicht nur für die Geburt eines Menschen anwenden. Auch, wenn Sie etwa ein Unternehmen gründen, ist dies eine Geburt, eine Entstehung von etwas. Und dieses Etwas hat dann seine ganz eigenen Zahlenwerte mit den dazugehörigen Eigenschaften. Wenn Sie die Zahlen von Familienmitgliedern berechnen, dann können Ihnen die Ergebnisse dabei helfen, schwierige Familiensituationen, Auseinandersetzungen und Beziehungen besser zu verstehen.

Im Folgenden wollen wir uns die einzelnen Zahlentypen einmal näher anschauen:

Namenszahl – Quersumme aller Buchstabenwerte des Namens. Die Namenszahl steht für unser irdisches Karma und sie steht für das Schicksal und die Eigenheiten unserer Familie. In ihr ist unsere Persönlichkeit verankert und die Art und Weise, wie wir unseren Lebensweg bestreiten.

Persönlichkeitszahl – Ergibt sich aus der Quersumme der Zahlenwerte der Konsonanten des Namens. Sie gibt uns Auskunft darüber, wie ein Mensch nach außen hin wahrgenommen wird und wie er sich in Bezug auf sein Verhalten und seine Einstellungen präsentiert.

Herzenszahl – Ergibt sich aus der Quersumme der Selbstlaute (Vokale) des Namens. Auch diese Zahl offenbart uns etwas über unseren Charakter, nur dass hier unsere Gefühle gegenüber unseren Mitmenschen und unserer Umwelt im Vordergrund stehen, während die Namenszahl eher auf unsere äußere Persönlichkeit und Energie abzielt.

Schicksalszahl – Ergibt sich aus der Quersumme des Geburtsdatums. Diese Zahl wird ihrem Namen gerecht und gibt uns Auskunft über unser Schicksal, also unser Hauptziel im irdischen Leben. Dabei werden unsere Stärken, Schwächen, Fähigkeiten und Talente einbezogen. Was müssen wir uns noch aneignen? Was davon müssen wir loslassen?

Geburtstagszahl – Ergibt sich aus der Quersumme des Geburtstages. Diese Zahl gibt uns Auskunft über unser vorheriges Leben und unsere Vergangenheit. Was haben wir aus unserem alten Leben ins Neue mitgenommen? Was haben wir hinterlassen? Die Geburtstagszahl ist eine hervorragende Quelle, um Hinweise auf unsere jetzige Bestimmung zu finden. Sie gibt uns Auskunft darüber, welche Eigenschaften und Talente ein Mensch hat, sowie welche Herausforderungen und Chancen ihm im Leben begegnen können.

Seelenmotivationszahl – Ergibt sich aus den Zahlenwerten der Anfangsbuchstaben von Vor- und Nachnamen. Hierbei handelt es sich um die Eintrittskarte zum Schicksalsweg. Denn unsere Seelenmotivationszahl zeigt uns den Grund, warum wir auf dieser Welt sind und welche Eigenschaften und Fähigkeiten wir uns aneignen sollen.

Schicksalswegzahl – Ergibt sich aus der Herzenszahl und Persönlichkeitszahl und ist gleich der Namenszahl. Hierbei handelt es sich um unseren ganz eigenen Weg des Lebens. Sie gibt uns Auskunft darüber, welcher Lebensweg für uns am besten geeignet ist und welche Aufgaben wir auf diesem Weg erfüllen sollen, um unser volles Potenzial zu entfalten.

Lebenszielzahl – Ergibt sich aus der Namenszahl und der Schicksalszahl. Das Lebensziel bezieht sich auf unsere Zeit auf Erden ab dem 35. Lebensjahr. Es gibt Auskunft darüber, worauf in dieser Zeit unser Fokus liegt oder liegen wird, wie wir uns verhalten werden und welchen Einfluss wir nehmen können.

Warum das 35. Lebensjahr?
Weil wir mit 35 Jahren etwa die Hälfte unseres Lebens hinter uns gebracht und damit einen gewissen Stand erreicht haben, bei dem wir davon ausgehen können, dass unser weiteres Leben anders verlaufen wird, als es bisher der Fall war. Wir haben einen festen Beruf, sind verheiratet, vielleicht haben wir bereits Kinder und im Großen und Ganzen haben wir die Weichen für unseren weiteren Lebensweg gelegt. Viele Fragen der Jugendzeit sind beantwortet und wir besitzen eine größere Sicherheit in Bezug auf unser Leben.

Zuordnungstabelle: Buchstaben in Zahlen umwandeln

Um Buchstaben als Zahlen zu lesen, werden den Buchstaben im Alphabet fortlaufend die Grundzahlen 1 bis 9 zugewiesen. In der deutschen Sprache existieren zudem der Buchstabe „ß“ und die Umlaute, welche wie folgt übersetzt werden:

Ä = AE, Ö = OE, Ü = UE und ß = SS

1	2	3	4	5	6	7	8	9
A	B	C	D	E	F	G	H	I
J	K	L	M	N	O	P	Q	R
S	T	U	V	W	X	Y	Z	

Mithilfe dieser Tabelle ist es Ihnen möglich, Zahlenwerte für alle Buchstaben zuzuordnen. Wenn Sie jetzt beispielsweise einen Namen nehmen, dann schreiben sie diesen auf und notieren anschließend den jeweiligen Zahlenwert für die einzelnen Buchstaben des Namens. Jetzt haben Sie eine Reihe an Zahlen, welche Sie im nächsten Schritt zusammenrechnen. Dann wird das Ergebnis mittels der Quersumme auf einen einstelligen Betrag gebracht. Ausnahmen bilden hierbei die Doppelzahlen und Meisterzahlen, wie 11, 22, 33 und 44. Diese haben Ihre eigene Bedeutung, auf die wir noch eingehen werden.

Hier ein Beispiel für das Wort „Glück“:

G	L	Ü	C	K
7	3	3, 5 (UE)	3	2

Daraus ergibt sich die Rechnung: **7 + 3 + 3 + 5 + 3 + 2** = **23**

Nun müssen wir die 23 verkleinern, sodass wir eine einstellige Zahl erhalten: **2 + 3** = **5**

Als Endergebnis erhalten wir hier also die 5. Nun können Sie eine entsprechende Deutung dieser Zahl vornehmen. Die Zahl 5 steht für die Reinheit des Geistes und sie ist die Zahl der Verbindungen und der Kommunikation. Die Zahl 5 ist auch die Zahl der Freiheit und des Abenteuers. Jede Zahl hat ihre eigenen Eigenschaften. Diese müssen erkannt und verstanden werden, damit Sie sich selbst besser verstehen und Ihr Leben voranbringen können. Die Zahl 5 kann zum Beispiel für die spontanen und kreativen Seiten eines Menschen stehen, aber auch für unkonzentriertes Verhalten, Unbeständigkeit und manchmal sogar Unzuverlässigkeit. Es ist also wichtig, die guten und schlechten Eigenschaften jeder Zahl zu kennen, um besser mit ihnen umgehen zu können. Der praktische Nutzen der Numerologie besteht darin, Ihnen zu helfen, Ihre Fähigkeiten und Ihr Potenzial anhand Ihrer Zahlen zu begreifen und damit zu arbeiten. Indem Sie Ihre Zahlen analysieren, können Sie Ihre Stärken und Schwächen erkennen und daraus die nötigen Erkenntnisse gewinnen, um Ihr Leben nach Ihren eigenen Wünschen zu gestalten.

Und noch ein Tipp: Wenn Sie Ihre Rechnungen durchführen, seien Sie dabei konzentriert und gewissenhaft und rechnen Sie lieber noch einmal nach, um Fehler zu vermeiden.

Zahlen und Symbole

Die Gabe, Symbole zu erschaffen und zu verstehen, ist nur eine der Eigenschaften, die den Menschen von allen anderen Lebewesen unterscheidet. Bereits in der Frühzeit der menschlichen Zivilisation gab es Symbole – in Höhlenmalereien und auf Schmuck wurden Bilder von Tieren und Mythen dargestellt. Diese frühen Symbole hatten bereits eine Bedeutung für die Menschen und erzählten Geschichten über sie und ihre Kultur. In den Mythen und Sagen der Völker spiegeln sich die tiefsten Ängste und Sehnsüchte der Menschen wider, aber auch ihr Wissen um die Welt und ihre Hoffnung auf das Jenseits. Die Kraft der Symbole liegt in ihrer Fähigkeit, etwas Unaussprechliches auszudrücken und so dem Menschen Halt und Orientierung zu geben. Symbole sind die Sprache unserer geistigen Existenz. In der Numerologie sind sie wichtige Helfer, denn sie fungieren als Vermittler zwischen den Welten. Die Menschen haben schon immer versucht, die Mysterien der Seele mithilfe von Symbolen zu ergründen. In allen Kulturen findet man Zeichen und Bilder, die eine tiefe Bedeutung haben. Diese Symbole wirken auf unterschiedliche Weise. Manche bringen uns zum Lachen, andere machen uns vielleicht nachdenklich. Aber alle haben sie eine Bedeutung und können uns auf unserem Lebensweg helfen. Symbole sind in vielen Bereichen anzutreffen. Sei es in der Astrologie, mit den Zeichen der Planeten oder der Äskulapstab für ärztliche Berufe. Auch in unserer Kultur findet man viele Symbole wieder, sei es das Kreuz für die christliche Religion oder das Yin und Yang für die chinesische Philosophie.

Darüber hinaus hat alles hat einen Klang. In der Regel sind es die langanhaltenden Töne, die uns besonders berühren, weil sie uns an einen bestimmten Ort oder eine bestimmte Situation erinnern. Die sanften Geräusche des Wassers, das leise Murmeln der Bäume oder das Zwitschern der Vögel – all diese kleinen Geräusche können uns tief berühren und zur Ruhe kommen lassen. Doch es gibt auch Töne, die uns in eine andere Welt entführen können. Ein schönes Stück Musik, ein erzählender Text oder sogar ein einfaches Mantra mit seinen sich immer wiederholenden Lauten und Worten kann uns in eine andere Dimension versetzen und unseren Geist beruhigen. Auch Tiere sind in der menschlichen Kultur seit jeher von Bedeutung und werden gerne als Symbole für bestimmte Eigenschaften verwendet. Der Adler gilt beispielsweise als Ausdruck für übergeordnetes Wissen und wird oft mit der Kraft des Geistes in Verbindung gebracht. Die Eule spiegelt die Weisheit wider und der Fisch symbolisiert Fruchtbarkeit. Tiere können uns viel über die Bedeutung des Lebens lehren und uns auch helfen, unser Leben besser zu verstehen.

Wir messen Symbolen also eine Bedeutung zu. Diese Bedeutung liegt in unserem Unterbewusstsein und wird von uns meistens nicht bewusst wahrgenommen. Auch Zahlen sind Symbole und ihre Erscheinung aktiviert unsere unbewussten Programmierungen für dieses Symbol. Der bewusste Verstand sieht die Zahl lediglich als Zahl, während sie tief in unserem Inneren eine ganz bestimmte Bedeutung für uns hat, welche aber auf einer anderen Ebene wahrgenommen wird und Einfluss auf uns ausübt.

Die Bedeutung der 9 Grundzahlen

Sie werden in diesem Buch viele Zahlenberechnungen kennenlernen wie die Namenszahl, die Schicksalszahl oder die Seelenmotivationszahl. Dabei werden wir jedes Mal die Bedeutung der einzelnen Zahlen für jeden dieser Bereiche durchgehen. Die berechnete Zahl wird dabei immer so interpretiert, dass sie der jeweiligen Kategorie gerecht wird. Kurz gesagt: Eine 1 als Namenszahl wird anders gedeutet, als eine 1 als Herzenszahl, da diese beiden Bereiche unterschiedliche Dinge über uns aussagen.

An dieser Stelle werden Ihnen nun die Zahlen 0 bis 9, also die Grundzahlen, einmal vorgestellt. Diese werden hier ganz allgemein betrachtet, ohne in eine numerologische Kategorie eingeordnet zu werden (Namenszahl, Persönlichkeitszahl, Schicksalswegzahl usw.). Dadurch bekommen Sie ein besseres Verständnis von der Bedeutung der 9 Grundzahlen und darüber, was diese Zahlen ausmacht. Wenn Sie sich mehr mit der Numerologie beschäftigen werden, dann wird Ihnen dieses Verständnis der Grundzahlen dabei helfen, Ihre Analysen und Interpretationen leichter und zielführender zu gestalten. Denn die Bedeutung der Grundzahlen ist die Basis für die Interpretation der verschiedenen Zahlenbereiche und wird in diesen immer widergespiegelt.

Die Zahl 1

Die Zahl 1 steht für Anfang, Führung, Selbstvertrauen, Unabhängigkeit, Erfolg und Eigenständigkeit. Sie symbolisiert die Einheit und das absolute Ganze und steht für die Urkraft und das Universum.

Was sagt die 1 über uns aus?

Menschen mit der Zahl 1 haben ein sehr hohes Maß an Respekt, Verantwortung und Sorgfalt. Sie lieben es, in der Lage zu sein, alles selbst zu machen und anderen die Führung zu überlassen. Neue Ideen sind ein wesentlicher Teil ihrer Persönlichkeit und sie geben gerne Einblick in ihre Gedankenprozesse. Ein weiterer wichtiger Aspekt, der Menschen mit der Zahl 1 auszeichnet, ist ihr Sinn für Ordnung und Organisation. Sie sind eher ein Fan von schriftlichen Plänen und Details, die es ihnen ermöglichen, jedes Problem zu lösen. Menschen mit der Zahl 1 sind zuverlässig, vorhersehbar und haben ein untrügliches Gespür für das richtige Timing, um Dinge anzugehen. Sie sind ziemlich gut darin, Ziele zu verfolgen und arbeiten daran, sie zu erreichen, oft auf Kosten ihrer eigenen Bequemlichkeit.

Auf der anderen Seite ...

Die Zahl 1 ist eines der wichtigsten Symbole der Numerologie. Den Menschen, die unter der Zahl 1 stehen, werden viele Eigenschaften und Charakterzüge zugeschrieben. Diese Menschen neigen dazu, einige

Starrköpfigkeiten an den Tag zu legen. Sie sind von einem unbändigen Ehrgeiz getrieben, haben stets die Kontrolle über andere, sind häufig unterkühlt, ordnungsliebend und streben nach Perfektion. Sie lieben es, alles überblicken und beherrschen zu können. Da sie auch eine gewisse Intoleranz in Bezug auf andere beweisen können, können sie ungeduldig werden, wenn etwas nicht so läuft, wie sie es wollen. Zudem neigen sie auch zum Stolz und zur Eigensinnigkeit, was manchmal schwer zu dulden ist.

Die Zahl 2

Die Zahl 2 steht für Harmonie, Partnerschaft und Diplomatie. Sie repräsentiert die Energie von Zusammenarbeit, Verständnis und Balance. Eine Person, die die Energie der Zahl 2 trägt, neigt dazu, diplomatisch, geduldig und kooperativ zu sein. Sie hat ein starkes Bedürfnis nach Harmonie und Frieden in ihrem Umfeld und arbeitet hart daran, das Gleichgewicht zu wahren. Sie ist auch ein natürlicher Vermittler und hat die Fähigkeit, Konflikte zu lösen und Beziehungen aufzubauen.

Was sagt die 2 über uns aus?

Menschen mit der Zahl 2 haben eine besonders starke Verbindung zur intuitiven Ebene und zur Großartigkeit des Universums und sind auch in der Lage, große Tiefe und Einblick aus einer anderen Sicht zu erleben. Sie sind idealistisch, klug und wissen, wie man andere inspiriert und zu einer bestimmten Einstellung motiviert. Menschen mit der Zahl 2 sind sehr gut im philosophischen Denken. Sie streben danach, einen tiefen Einblick in sich selbst und das Leben zu erlangen. Deshalb sind sie mehr an spiritueller Lebensweise interessiert und weniger am materiellen Erfolg. Sie sind sehr verspielt und lieben Kunst, Musik und natürlich die Natur. Sie sind rücksichtsvoll, hilfsbereit, zuverlässig, freundlich, tolerant, klug und diplomatisch und können entsprechende Diplomatie nutzen, um Konflikte zu meistern. Diese Menschen sind in der Lage, ihre Gefühle und ihre Intuition zu kontrollieren und sich nicht von ihnen überkommen zu lassen.

Auf der anderen Seite ...

Menschen mit der Zahl 2 können bei jeder Entscheidung leicht zögern und sich nicht wirklich entscheiden. Sie müssen sich vor der Entscheidungsfindung stets in andere hineinversetzen, abwägen und dann für sich selbst entscheiden. Sie zweifeln häufig an sich selbst, sind unsicher und verletzlich. Ein „ja" zu viel kann zu einer missbräuchlichen Beziehung führen, während ein „nein" zu viel dazu führen kann, dass ihre Rechte übergangen werden. Menschen mit der Zahl 2 lassen sich schnell beeinflussen, neigen bei einer einseitigen Kommunikation dazu, ihre Meinungen und Wünschen zu verleugnen und akzeptieren zu viel in ihrem Leben. Oft betrachten diese Menschen sich selbst nicht als wichtig, wodurch sie weniger Vertrauen in ihre eigenen Entscheidungen oder Gedanken haben.

Die Zahl 3

Die Zahl 3 steht für Kreativität, Selbstausdruck und Freude. Sie repräsentiert die Energie der Inspiration und der künstlerischen Freiheit. Eine Person, die die Energie der Zahl 3 trägt, neigt dazu, kreativ, ausdrucksstark und enthusiastisch zu sein. Sie hat ein starkes Bedürfnis nach Selbstausdruck und die Fähigkeit, ihre Gedanken und Gefühle auf eine ansprechende und überzeugende Art und Weise auszudrücken.

Was sagt die 3 über uns aus?

Menschen mit der Zahl 3 sind voller Optimismus und Tatendrang. Ihr fröhlicher Charakter und ihr vorauseilender Mut prägen ihren Ansatz des offenen Geistes. Ihnen ist es wichtig, keine Fragen unbeantwortet zu lassen und offen über jedes Detail Bescheid zu wissen. Ihre Bravour ist es, alles klar und deutlich zu durchdenken, ohne dabei den vollen Blick auf das Gesamtbild zu verlieren. Sie beseitigen nicht nur alte Ängste, sondern verschaffen uns auch tiefe Einsichten, helfen uns aus schwierigen Situationen heraus und weisen uns den Weg zu neuen Wegen. Inmitten der Anforderungen des modernen Lebens haben Menschen mit der Zahl 3 eine besondere Fähigkeit. Durch häufiges Rein- und Rauszoomen schaffen sie es, mit vielfältigen Ansprüchen umzugehen und sie genau zu durchleuchten. Sie werden zu einer Art Wegführer. Sie bringen ein neues Verständnis in das Bestehende und optimieren dabei kontinuierlich. Mit Einfühlungsvermögen, Hilfsbereitschaft und sachlichem Fokus können diese Menschen hervorragende Weggefährten sein.

Auf der anderen Seite ...

Die Menschen mit der Zahl 3 sind empfindsam und leidenschaftlich. Sie mögen es, im Mittelpunkt zu stehen, was oft auf eine Neigung zur Egozentrik oder Eitelkeit zurückgeführt wird. Sie lieben es Dinge auszuprobieren, was jedoch auf Kosten der Kontinuität gehen kann. So können sie schnell überfordert sein, wenn man von ihnen erwartet, sich auf etwas Bestimmtes festzulegen. Manchmal übertreiben es diese Menschen mit dem Genuss, sei es beim Essen, Trinken oder Shoppen. Sie sind auch sehr wettbewerbsorientiert und es ist ihnen wichtig, bei allem immer an erster Stelle zu stehen und zu gewinnen.

Die Zahl 4

Die Zahl 4 steht für Praktikabilität, Struktur und Disziplin. Sie repräsentiert die Energie der Organisation und der Verantwortung. Eine Person, die die Energie der Zahl 4 trägt, neigt dazu, praktisch, organisiert und verantwortungsvoll zu sein. Sie hat ein starkes Bedürfnis nach Struktur und Sicherheit und arbeitet hart daran, ihre Ziele zu erreichen. Sie ist auch sehr diszipliniert und hat die Fähigkeit, ihre Zeit und Ressourcen effektiv zu verwalten.

Was sagt die 4 über uns aus?

Menschen, die der Zahl 4 angehören, besitzen eine einzigartige innere Stärke und Entschlossenheit. Sie verfügen über einen gesunden Menschenverstand und einen beeindruckenden Tatendrang. Diese Menschen haben die Fähigkeit, Probleme zu lösen, Verantwortung zu übernehmen und ihre Umgebung zu beeinflussen. Sie schätzen praktisches und meiden es, die Arbeit zu vernachlässigen. Eine andere ihrer Eigenschaften ist die Zuverlässigkeit. Obwohl sie es manchmal vermeiden, nehmen sie sich die Pflicht, ein Versprechen zu halten, ernst. Wenn man ihnen vertraut, werden sie zu zuverlässigen Partnern. Sie sind auch diszipliniert, was bedeutet, dass sie ihre Aufgaben stets mit einem renommierten Maß an Motivation und dedizierter Einstellung angehen. Menschen mit der Zahl 4 bewegen sich mit einer unglaublichen Ausdauer vorwärts, selbst wenn es anstrengend ist – denn sie haben eine gesunde Einstellung zur Arbeit. Sie beobachten, was in ihrem Umfeld los ist und machen aus ihren Entscheidungen das Beste.

Auf der anderen Seite ...

Menschen, die unter der Zahl 4 leben, weisen im Allgemeinen Schwierigkeiten auf, wenn es darum geht, frei zu sein und ihr volles Potenzial zu verwirklichen. Sie haben oft einen Wunsch, in Ewigkeit an etwas festzuhalten und sich an das Alte zu klammern. Sie neigen dazu, sich viele Gedanken über Vergangenes zu machen, weil sie Schwierigkeiten haben, das Vertraute und Bekannte loszulassen. Auch leiden diese Menschen häufig unter Eifersucht, insbesondere auf die Erfolge anderer Menschen und sie machen sich oft abhängig von dem, was andere sagen oder vielleicht über sie denken. Um das Wohlbefinden Dritter zu erhalten, neigen sie manchmal dazu, sich zurückzuhalten und ihre Gefühle und Gedanken für sich zu behalten.

Die Zahl 5

Die Zahl 5 steht für Abenteuer, Freiheit und Veränderung. Sie repräsentiert die Energie der Beweglichkeit und der Unabhängigkeit. Eine Person, die die Energie der Zahl 5 trägt, neigt dazu, abenteuerlustig, flexibel und unabhängig zu sein. Sie hat ein starkes Bedürfnis nach Freiheit und Veränderung und sie hat die Fähigkeit, sich schnell an neue Situationen anzupassen. Sie ist auch sehr offen für neue Ideen und Erfahrungen und hat eine starke Neugierde auf die Welt um sie herum.

Was sagt die 5 über uns aus?

Menschen mit der Zahl 5 sind sehr abenteuerlustig. Sie lieben es, ständig neue Dinge zu erleben. Mit großer Begabung und Intelligenz sind sie sehr beweglich und verstehen es, geistig wie körperlich flexibel in allen Situationen zu sein. Sie besitzen ein einzigartiges Urvertrauen, das ihnen hilft, jede Herausforderung zu meistern und sich jeder Aufgabe mit großer Selbstbewusstheit zu stellen. Ein Mensch mit der Zahl 5 ist ein Lebenskünstler, der sich an den Herausforderungen des Lebens erfreut. Ob im Beruf oder im Privatleben – diese Menschen lieben es, ständig neue Dinge auszuprobieren und begeistert

Entdeckungen zu machen. Sie sind Meister darin, sich in neue Rollen hineinzuversetzen und neue Erfahrungen zu erleben. Ihre kreativen Fähigkeiten ermöglichen es ihnen, jeder Aufgabe mit Nüchternheit und Einfallsreichtum zu begegnen. Menschen mit der Zahl 5 sind auch im Umgang mit anderen Menschen sehr geschickt. Im persönlichen sowie beruflichen Umfeld haben sie ein Gespür dafür, wie man andere für sich gewinnt. Mit ihrer Fähigkeit, sich problemlos auf Änderungen einzustellen, können sie nicht nur professionelle Beziehungen aufbauen, sondern auch ein einzigartiges Verständnis für Veränderungen bewahren.

Auf der anderen Seite ...

Menschen mit der Zahl 5 sind nicht nur eigensinnig, sie neigen auch zu Egoismus und Impulsivität. Sie haben Probleme damit, Nein zu sagen, und tun sich manchmal bei dem Aufbau von tiefen, innigen Beziehungen schwer. Auch Oberflächlichkeit und Rastlosigkeit sind bei Menschen mit dieser Zahl recht häufig. Dazu kommt, dass diese Menschen eher negative Gedanken haben und dazu neigen, Habgier und Geiz zu demonstrieren. Dazu kommt, dass die Menschen mit der Zahl 5 schwer auf andere Menschen zugehen können. Sie sind des Öfteren unfähig, ausreichend Freundschaften zu schließen oder aufzubauen und haben somit auch keine Hilfestellung, wenn wirklich schönere Zeiten gebraucht werden, um die negativen Gedanken zu kontrollieren. Dies führt alles dazu, dass sie, ohne die notwendige Unterstützung, auf der Suche nach Kontrolle und Macht agieren und alles versuchen, um sich als Kontrolleure zu beweisen.

Die Zahl 6

Die Zahl 6 steht für Verantwortung, Pflege und Harmonie. Sie repräsentiert die Energie der Fürsorge und der Geborgenheit. Eine Person, die die Energie der Zahl 6 trägt, neigt dazu, verantwortungsbewusst, fürsorglich und harmoniebedürftig zu sein. Sie hat ein starkes Bedürfnis nach Geborgenheit und Sicherheit und arbeitet hart daran, ihre Familie und Freunde zu unterstützen und zu schützen. Sie ist auch sehr darauf bedacht, die Harmonie in ihren Beziehungen aufrechtzuerhalten und hat die Fähigkeit, Konflikte friedlich zu lösen.

Was sagt die 6 über uns aus?

Menschen, die mit der Zahl 6 geboren werden, sind in der Regel sehr häusliche und familienorientierte Personen. Sie sind aufgeschlossen für andere, haben einen starken Sinn für Harmonie und Wärme in allen Dingen und möchten, dass es allen in ihrem Kreis gut geht. Im Allgemeinen bemühen sich diese Menschen, ihre Werte ständig zu wahren, werden aber auch bei Bedarf emotional und versprühen Liebe und Mitgefühl, um anderen zu helfen. Menschen mit der Zahl 6 denken gerne langfristig. Sie sind treu und zuverlässig, lieben es neue Dinge auszuprobieren. Sie sind zudem zuverlässige Partner, die den Ehering als

Symbol für die Dauerhaftigkeit ihrer Bindung wertschätzen. Verlässlichkeit und Loyalität sind sehr wichtig für sie, und sie verstehen es, echte und feste Beziehungen aufzubauen, sei es mit Freunden oder Familie.

Auf der anderen Seite ...

Die Zahl 6 kann in der Numerologie mit negativen Aspekten wie Kontrollsucht, Überbehütung und Besitzergreifung in Verbindung gebracht werden. Diese Tendenzen können bei Personen, die eine starke Betonung dieser Zahl in ihren Geburtsdaten oder Namen haben, zum Vorschein kommen. Eine Person mit einer starken 6 in ihrer numerologischen Zahlensumme kann auch tendenziell besitzergreifend sein, sowohl in Beziehungen als auch im beruflichen Kontext. Eine andere Eigenschaft der Zahl 6 ist ihre Neigung zur Kontrollsucht. Eine Person mit einer starken 6 kann den Drang haben, alle Aspekte ihres Lebens zu kontrollieren und alles nach ihren Vorstellungen zu gestalten. Dies kann zu Konflikten und Stress führen, wenn andere nicht bereit sind, sich dieser Kontrolle zu unterwerfen.

Die Zahl 7

In der Numerologie steht die Zahl 7 für spirituelle Entwicklung, Wissen und Weisheit. Sie repräsentiert die Energie der Suche nach tieferem Verständnis und innerem Frieden. Eine Person, die die Energie der Zahl 7 trägt, neigt dazu, spirituell orientiert, neugierig und weise zu sein. Sie hat ein starkes Bedürfnis nach Selbsterforschung und Wissenserwerb und arbeitet hart daran, ihr Leben in Übereinstimmung mit ihren tiefsten Überzeugungen und Werten zu gestalten. Sie ist auch sehr darauf bedacht, ihre innere Weisheit und ihr spirituelles Wissen mit anderen zu teilen.

Was sagt die 7 über uns aus?

Menschen mit der Zahl 7 sind kreativ, unabhängig, vorausschauend und intuitiv. Sie erkennen schnell die Komplexität verschiedener Dinge und können somit aus einer komplexen Situation schnell eine klare, logische Lösung finden. Sie sind auch sehr spirituell verankert und verfügen über ein starkes Verständnis für die Geheimnisse des Übernatürlichen. Ihr tiefes Verständnis und ihre Intuition können ihnen helfen, psychologische Komplikationen zu lösen und Konflikte zu bewältigen. Sie sind mehr auf Einzelpersonen ausgerichtet und möchten, dass jeder Mensch, mit dem sie in Kontakt kommen, einen einzigartigen Weg findet, der sie glücklich macht. Sie sind immer auf der Suche nach Individualität und nehmen neue Herausforderungen gerne an. Menschen mit der Zahl 7 sind voller Intelligenz, Intuition, Spiritualität und Weisheit. Sie sind gut darin, aus Erfahrungen zu lernen und Hindernisse zu überwinden. Sie mögen das Ungewisse und sehnen sich danach, Neues zu erleben. Sie sind risikobereit, unerschrocken und offen für neue Erfahrungen. Sie gehen Risiken ein und erwarten das gleiche von ihren Mitmenschen.

Auf der anderen Seite ...

Menschen mit der Zahl 7 haben eine stetige Furcht vor dem Versagen und dem Schmerz, was ein großes Hindernis für Ihren Lauf zum Erfolg ist. Sie tragen Masken, um sich vor dem Neid und dem Urteil anderer zu schützen. Sie sind äußerst verletzlich, was ihnen aber oft nicht bewusst ist. Zudem neigen sie zur Illusion und Selbsttäuschung, schotten sich oft von der Außenwelt ab und können sich nicht dazu bekennen, was ihnen schadet. Dadurch, dass sie ihre Fehler nicht eingestehen können, machen sie sich selbst traurig und niedergeschlagen.

Die Zahl 8

Die Zahl 8 steht für materiellen Erfolg, Macht und Autorität. Sie repräsentiert die Energie der manifestierten Wünsche und Träume. Eine Person, die die Energie der Zahl 8 trägt, neigt dazu, selbstbewusst, ambitioniert und erfolgsorientiert zu sein. Sie hat ein starkes Bedürfnis nach Erfolg und Macht und arbeitet hart daran, ihre Ziele zu erreichen und ihre Träume zu verwirklichen. Sie ist auch sehr darauf bedacht, ihre materiellen Erfolge und ihre Macht zu nutzen, um anderen zu helfen und hat die Fähigkeit, andere zu inspirieren und zu führen.

Was sagt die 8 über uns aus?

Menschen, die die Zahl 8 in ihrem Leben tragen, sind nicht nur mit Talent und realistischer Sicht gesegnet, sondern tragen auch die Eigenschaften Mut, Kraft und Loyalität in sich. Berufliches Wissen, organisatorisches Talent und ein starkes Selbstbewusstsein sind unterschiedliche Faktoren, die diesen Menschen zu ihrem finanziellen Erfolg verhelfen und sie oft in die oberen Ebenen des Rampenlichts und des gesellschaftlichen Rangs befördern. Sie sind alles andere als faul, sondern üben ein hohes Maß an Disziplin auf sich selbst aus. Diese Personen sind einfallsreich und handlungsorientiert. Wenn sie einmal ein Ziel anvisieren, arbeiten sie mit Bestimmtheit und Nachdruck an seiner Erreichung. Eine weitere Eigenschaft ist ihre Bescheidenheit. Sie sind aufgeschlossen für Kritik und bereit, Fehler zu akzeptieren und daraus zu lernen. Sie verzeihen Menschen schnell und machen keinen größeren Aufruhr anhand kleiner Spielereien.

Auf der anderen Seite ...

Menschen mit der Zahl 8 versuchen ihre Meinung und ihre Gefühle anderen aufzuzwingen. Sie neigen dazu, ihre Meinung in den Vordergrund zu stellen und lassen andere nicht zu Wort kommen. Dies kann für sie auch ein guter Schutzmechanismus sein und verhindert, dass sie verletzlich werden. Sie sind oft Einzelgänger, die sich nicht viel um andere Menschen kümmern oder kleine Gesten der Freundlichkeit anbieten. Sie schaffen es oft nicht, echte Verbindungen zu anderen Menschen aufzubauen, wodurch sie sehr isoliert werden. Trotzdem haben sie eine starke Präsenz und sind in der Lage, andere Menschen mit ihrer Energie und Willenskraft zu beeinflussen. Insgesamt können sie sehr bestimmend und kontrollierend sein.

Die Zahl 9

Die Zahl 9 steht für spirituelle Erleuchtung und Selbstlosigkeit. Sie repräsentiert die Energie der Vollständigkeit und der Universalität. Eine Person, die die Energie der Zahl 9 trägt, neigt dazu, sehr mitfühlend, großzügig und selbstlos zu sein. Sie hat ein starkes Bedürfnis, anderen zu helfen und einen positiven Einfluss auf die Welt um sie herum. Sie hat auch eine starke spirituelle Verbindung und ein tiefes Verständnis für die Zusammenhänge des Lebens.

Was sagt die 9 über uns aus?

Menschen mit der Zahl 9 sind meist sehr lebendig und energetisch. Ihre Intuition ist sehr stark ausgeprägt und ihnen gelingt es oft, Dinge zu erkennen, die anderen verborgen bleiben. Sie sind sehr ambitioniert und streben danach, ihre Ideen und Träume zu verwirklichen. Außerdem zeigen sie eine ausgeprägte Spiritualität und mediale Talente. Zudem ist es ihnen wichtig, dass ihrem Handeln eine ständige innere Einheit zugrunde liegt, die sie auch gegenüber ihrem Umfeld aufrechterhalten möchten. Die Zahl 9 möchte ein esoterisches Interesse und Einheitsbewusstsein entwickeln. Diese Kombination aus innerer Einheit und dem Umgang mit dem Außen weckt die Neugier der Betrachter. In der 9 findet man die Selbstliebe, die Liebe zur Menschheit und die bedingungslose Liebe zur Schöpfung. Sie steht für Mitgefühl, Barmherzigkeit und Einfühlungsvermögen. Menschen mit dieser Zahl 9 sind sehr sensibel für das Leid anderer und fühlen sich mit den unterdrückten Massen verbunden. Sie neigen dazu, sich für gesellschaftliche Veränderungen stark zu engagieren und setzen sich für Gerechtigkeit ein.

Auf der anderen Seite ...

Menschen mit der Zahl 9 sind egozentrische Träumer mit weitreichenden Fantasien. Außerdem sind sie stolze Individualisten, die innerlich stark und selbstbewusst sind. Sie sind meistens auch sehr verwöhnt und gerne mal urteilend. Sie haben Angst vor Veränderungen und dem Unbekannten sowie Bindungsängste und die Angst, Entscheidungen treffen zu müssen. Sie tun alles, um Konflikte zu vermeiden, aber neigen auch dazu, ungeduldig zu sein und leichtsinnig zu werden.

Die Zahl 0

Die Zahl 0 steht für das Absolute, das Unendliche, die Schöpferkraft und das Potenzial. Sie repräsentiert die Energie der Unendlichkeit und hat keine festgelegte Menge oder Größe.

Was sagt die 0 über uns aus?

Die 0 ist ein wunderbares Symbol für die großen Wechselwirkungen des Lebens. Sie steht für Neubeginn, Fürsorglichkeit, Zuverlässigkeit, Flexibilität und Weisheit. Für viele Erwachsene bedeutet diese Energie, Herausforderungen zu meistern, sich an Veränderungen anzupassen, sich weiterzuentwickeln und mehr Weisheit zu erlangen. Diese Energie bedeutet, dass wir schlechte Gewohnheiten ablegen und neue Wege ausprobieren können. Mit der Energie der 0 erhöht sich das Bewusstsein und die Aufmerksamkeit gegenüber den kleinen Details des Alltags und man erkennt, dass das Leben nie unveränderlich ist. Man kann das Potenzial der 0 nutzen, um neue persönliche Einsichten zu gewinnen, frische Ideen zu entwickeln und größere emotionale Weisheit zu erwerben. Diese Energie kann uns helfen, unsere Stärken zu entdecken und uns auf die einmaligen Gelegenheiten in unserem Leben vorzubereiten.

Auf der anderen Seite ...

Die 0 versucht Ordnung in das Leben zu bringen und anderen zu helfen, ein Gefühl der Zufriedenheit zu erlangen. Aber das kann schnell nachhinten losgehen und sehr mühsam werden. Wenn man eine 0 in den Zahlen hat, versucht man, auf unnötige Konflikte zu verzichten, was manchmal schwer ist. Eine 0 mag es auch nicht, die Kontrolle zu verlieren und bereitet sich daher auf alles vor, was passieren könnte, obwohl man damit manchmal auf dem falschen Fuß erwischt wird. Die Zahl 0 bemüht sich, oft mehr als nötig, andere glücklich zu machen und auch Zeit für Etiketten oder gesellschaftliche Normen zu opfern. Diese Menschen sind besonders vorsichtig, wenn es um das Eingehen von Verpflichtungen geht, und versuchen sich zu beweisen, um Anerkennung zu erhalten.

Übersicht der Grundzahlen

Zahl und Schlüsselbotschaft	Positive Eigenschaften	Negative Eigenschaften
1 – Einheit, Erkenntnis	Vertrauen in sich selbst, Bewusstsein, Anregung, Klugheit, Tapferkeit, Kraft	Zurückhaltung, Ego, Hochnäsigkeit, Abhängigkeit
2 – Unterscheidung, Polarität, Dualität, Zweiheit	Empfindsamkeit, Eingebung, übernatürliche Wahrnehmung, Freundlichkeit, Anpassungsfähigkeit.	Skepsis, Wechselhaftigkeit, Abhängigkeit, Unentschiedenheit, Zerrüttung, Hoffnungslosigkeit
3 – Kreativität, Lebensfreude	Initiative, Selbstäußerung, Genesung, Erfindungsgabe, Wohlbefinden	Eigennutz, Bestreben nach Anerkennung, Unnahbarkeit, Neigung zur Kritik
4 – Stabilität, Realisierung	Eine tiefe Affinität zur Umwelt, Durchhaltevermögen, Selbstbeherrschung, Konzentrationsfähigkeit, Geduld	Bedenken hinsichtlich der Sicherheit, Starre, Verankerung
5 – Freiheit, Kommunikation	Überzeugung in Emotionen, Wachstum, Reisen, Abenteuer, aufgeschlossen gegenüber Neuem, ein Gefühl der Freiheit	Furchtsam, unstet, angespannt, Abhängigkeit, Flüchtigkeit, Ängste vor dem Verlust
6 – Lebenskraft, Durchsetzungsvermögen	Verbindung, Ausgeglichenheit, Zuneigung, Entschlossenheit, Heilung, Eigenwertschätzung, Körperkenntnis	Anspruchsvoll, verurteilend, sich unnötig Gedanken machend, Druck ausüben, Gewalttätigkeit, Unausgeglichenheit
7 – Mystik, Lebensfülle	Vertrauen in sich selbst und ins Leben, Instinkt, Klugheit, Energie, Geistigkeit, Wohlstand im Dasein	Alleinig, verwundbar, anfällig, Täuschungen, Erinnerungen an das Vergessene
8 – Gerechtigkeit, Ausgleich	Konkordanz, Heiterkeit, Courage, Kraft, Unternehmensgeist, Optimierung, Autonomie	Konflikte in der Beziehung, Überwachung, Komfort, Ausnutzung von Macht
9 – Universale Liebe, Mitgefühl	Eigenakzeptanz, Flexibilität, Vermittlung, Idealismus, Metamorphose	Selbstbedauern, Ungeduld, Unruhe, Gewinnorientiertheit, Orientierungslosigkeit, Eigennutz
0 – Wandlung, Neubeginn	Mentaler Fortschritt, Fantasie, Gelassenheit, Engagement, Klugheit, Frieden	Empfindsam, unruhig, abhängig, Verwirrung, Anspannung

Doppelzahlen

Doppelzahlen sind ein Weg, um die Kraft und Energie anderer Zahlen zu verstärken. Eine Doppelzahl sollte nicht auf eine einstellige Grundzahl reduziert werden, da diese Zahlen eine besondere und einzigartige Bedeutung haben. Doppelzahlen werden genauso wie ihre jeweiligen Grundzahlen behandelt, wobei sich bei den Doppelzahlen die Bedeutung verstärkt. Die 11 interpretieren Sie also wie die Zahl 1, nur dass die beschriebene Wirkung sich mit einer zusätzlichen Intensität entfaltet. Die Doppelzahlen sind eine besondere Gruppe von Zahlen, die den Menschen neue Möglichkeiten bieten, ihr Leben zu meistern. Sie fangen bei 11 an. Jede Doppelzahl birgt eine kraftvolle Energie, die uns helfen kann, einer Herausforderung zu begegnen. Doppelzahlen repräsentieren eine Verstärkung der Energie der einzelnen Zahlen und sie sind besonders hilfreich, wenn es darum geht, sich bewusst zu machen, was in unserem Leben wichtig ist. Sie sind ein wertvolles Werkzeug, um Hindernisse im Leben zu überwinden und Prüfungen zu bestehen. Mit jeder Doppelzahl kommt eine Aufforderung, die eigene innere Arbeit zu verrichten und durch Geduld, Fokussierung und Weisheit voranzukommen. Wenn Sie diesen Zahlen folgen und Vertrauen in sich selbst haben, wird die Doppelzahl als Teil Ihres Lebens einen Weg finden, Sie zu unterstützen.

Bedeutung der Doppelzahlen

Doppelzahl 11

Die Doppelzahl 11 repräsentiert eine enorme Kraft, um es mit unvorhergesehenen Ereignissen, Veränderungen und anderen Turbulenzen im Leben aufzunehmen. Menschen, welche die Zahl 11 als Symmetrie in ihrem Leben tragen, besitzen eine seltene Intuition, die ihnen beim Wachstum und der Entwicklung helfen kann. Die Herausforderung für die 11 besteht darin, diese Intuition zu stärken, indem man Ideen und Pläne verfolgt, anstatt sich einfach treiben zu lassen. Menschen, die die Doppelzahl 11 aufweisen, befinden sich auf einer Mission, die sie nicht nur leitet, sondern auch ein Teil ihrer schöpferischen Prozesse ist. Sie empfinden eine tiefe Sehnsucht und ein Bedürfnis, etwas Bedeutsames zu schaffen. Diese Leidenschaft ist eine Energiequelle, die sie dazu antreibt, ihre Ziele zu erreichen. Die Zahl 11 stellt Fragen, die für das Verständnis der eigenen Persönlichkeit wichtig sind: Wohin wollen wir uns im Leben entwickeln? Welche Dinge sind uns wichtig? Welche Änderungen möchten wir vornehmen? 11er sind aufgefordert, sich die Fähigkeiten und Fertigkeiten anzueignen, ihren Weg zu gehen und Orientierung zu finden. Um ihr inneres Gleichgewicht zu bewahren, ist es wichtig, dass sie sich neuen Herausforderungen stellen und auch bereit sind, Risiken einzugehen. Diese Menschen verfolgen konsequent ihre Vorstellungen und Ideen. Sie sind unternehmungslustig und sollten es nicht versäumen, den Status quo zu durchbrechen und sich immer wieder selbst zu hinterfragen. Zudem sollten Sie ihren Entwicklungsprozess niemals allein durchlaufen. Es ist wichtig, dass sie sich von anderen inspirieren lassen und ihren Fähigkeiten vertrauen. Dabei ist es sehr hilfreich, wenn man anerkannt und unterstützt wird. Dazu gehört es, auch mal andere Meinungen anzuhören und ein Feedback zu bekommen.

Die Doppelzahl 11 Sie repräsentiert eine Ahnung von Unendlichkeit und Licht. Übernehmen Sie die Verantwortung und die damit verbundene Intuition. Mit der Kraft der Zahl 11 können Sie neue Wege beschreiten und jeder Sache, die Sie angehen, eine tiefere Bedeutung verleihen. Besonders wichtig ist es, an eigene Ideen und Pläne zu glauben. Dann werden Werte wie Mut und Erfolg ein Leben lang erhalten bleiben.

Doppelzahl 22

Die Doppelzahl 22 verbindet sich mit einer tiefen Bedeutung und ist repräsentativ für tiefgreifende Erfahrungen und Erkenntnisse über das Leben. Diese besondere Zahl hat ein weites Spektrum an Möglichkeiten und gestattet es auf einer tieferen Ebene Höhepunkte des Lebens zu erfahren und sich selbst die Chance zu geben, um ein Meister der eigenen Erfahrungen zu werden. Menschen, die die Zahl 22 tragen, haben ein hohes Denkvermögen, eine rasche Auffassungsgabe und eine unerschöpfliche Fülle an Ideen. Diese ideenreichen Menschen erfassen schnell neuen Konzepte und teilen auch ihr Wissen gerne mit anderen. Gleichzeitig sind sie auch sehr besorgt und vorsichtig, was ihre Entscheidungen und Handlungen betrifft. Sie sind sich auch der Realität bewusst und wissen, wie wichtig es ist, seine Entschlossenheit zum Handeln zu bewahren. Das Geheimnis der Zahl 22 ist die innere Stärke, die Menschen dazu befähigt alles zu erreichen, was sie sich vorgenommen haben. Wenn man seine Kraft und sein Potenzial in alle Richtungen ausschöpft, erlangt man mehr Selbstvertrauen und schafft es Ehrgeiz zu zähmen und fokussiert zu bleiben.

Die Energie der Doppelzahl 22 ermöglicht den Menschen, ihren Seelenfrieden zu finden und in einem immer komplexeren Leben Erfolge zu erzielen. Sie sind nicht nur hervorragende Planer und Organisatoren, sondern sie sind auch in der Lage, ihre Ziele zu erreichen und ein Gleichgewicht zwischen ihrem persönlichen und beruflichen Leben zu schaffen. Mit einer solchen Einstellung können Menschen den Gipfel ihres Erfolges erreichen und sie haben ein neues Verständnis erhalten, wie wichtig es ist, jeden Moment des Lebens zu genießen.

Doppelzahl 33

Die Doppelzahl 33 ist eine sehr mächtige Zahl und symbolisiert die spirituelle Reife und Weisheit. Menschen mit dieser Doppelzahl haben die Fähigkeit, ihre spirituellen Kräfte zu nutzen, um anderen zu helfen und zu führen.

Eine der wichtigsten Eigenschaften von Menschen mit der Doppelzahl 33 ist ihr tiefes Verständnis für die menschliche Natur und ihre Fähigkeit, andere zu inspirieren und zu motivieren. Diese Menschen haben eine starke spirituelle Ausrichtung und sind in der Lage, ihre Weisheit und Einsichten auf eine Art und Weise zu teilen, die andere inspiriert und motiviert. Ein weiteres wichtiges Merkmal von Menschen mit der Doppelzahl 33 ist ihre Fähigkeit, Probleme zu lösen und lösungsorientiert zu denken. Diese Menschen besitzen eine starke Intuition und können sehr tiefgründige Einsichten gewinnen. Sie verstehen auch, dass es oft mehrere Lösungen für ein Problem gibt und dass es wichtig ist, die beste davon für die jeweilige Situation zu finden. Zusätzlich zu ihren spirituellen und analytischen Fähigkeiten sind diese Menschen auch sehr kreativ und künstlerisch begabt. Sie besitzen eine starke Vorstellungskraft und können ihre Visionen und Ideen auf eine fesselnde und inspirierende Art und Weise präsentieren.

Insgesamt sind Menschen mit der Doppelzahl 33 eine inspirierende und motivierende Kraft in der Welt. Sie besitzen eine starke spirituelle Ausrichtung, eine tiefgründige Intuition und eine kreative Vision, die sie nutzen können, um andere zu unterstützen und zu leiten.

Doppelzahl 44

Die heutige Welt ist eine geschäftige und ständig rastlose. In der Hektik des Alltags kann es schwer sein, sich zurechtzufinden. Durch die Eigenschaften der 44 sind Menschen in der Lage, sich in allen unterschiedlichen Lebensumständen bewegen zu können. Die Energie, die die Zahl in sich trägt, hilft jedem, die Anstrengungen des Alltags zu bewältigen. Die Fähigkeiten, die mit der Zahl 44 verbunden sind, sind vielfältig. Sie können Intuition, Urteilskraft, Weisheit, Geduld und Kreativität sein. Diese Begabungen sind besonders nützlich, wenn es um alltägliche Probleme geht. Dazu gehören auch Dinge wie die Entscheidungsfindung, Entscheidungen über Geld, Berufsentscheidungen, Umgang mit Stress und andere wichtige Themen, mit denen jeder zu kämpfen hat. Eine der angeborenen Fähigkeiten der Zahl 44 ist es, Probleme vorauszusehen. Diese Menschen können hervorragend die Ursache anstatt die Symptome einer Herausforderung erkennen. Dadurch erhalten sie ein klareres Verständnis dessen, was geschieht und können mit mehr Weisheit und Intelligenz agieren.

Menschen mit der Doppelzahl 44 sind fähig, die Anstrengungen des Lebens zu bewältigen und in schwierigen Situationen leicht navigieren zu können. Die angeborenen Fähigkeiten der Zahl können helfen, mehr Ausgeglichenheit zu finden und lebenswichtige Fragen zu beantworten.

Doppelzahl 55

Menschen mit der Doppelzahl 55 sind von Natur aus freiheitsliebend. Sie suchen Abenteuer und neue Erfahrungen und sehnen sich danach, ihren eigenen Weg zu gehen und das zu tun, was sie wirklich wollen.

Ohne die Unterstützung ihrer Familie und Partner kann es jedoch schwer sein, das Gefühl der Freiheit zu erlangen. Wenn sie jedoch diese Unterstützung bekommen, können sie endlich das Leben führen, das sie sich immer gewünscht haben. Mit der Freiheit kommt auch ein Gefühl der Erfüllung und Zufriedenheit. Menschen mit der Doppelzahl 55 können ihre Entscheidungen selbst treffen und ihren Weg verfolgen, ohne Einschränkungen oder Zwänge. Sie zeigen oft Loyalität, Mitgefühl und Toleranz gegenüber anderen und unterstützen sie auf ihrem Weg. Sie erleben das Abenteuer des Lebens in vollen Zügen und genießen das Gefühl, ihr Schicksal selbst in die Hand zu nehmen und Großartiges zu erschaffen.

Um Freiheit zu erlangen, müssen Menschen mit der Doppelzahl 55 ihre Entscheidungen treffen und konsequent ihren Weg verfolgen. Mit der Unterstützung ihrer Familie, Freunde und Partner können sie das erreichen, was sie sich immer gewünscht haben – ein erfülltes und unabhängiges Leben.

Doppelzahl 66

Die Doppelzahl 66 besitzt für diejenigen, die unter ihrem Einfluss stehen, eine besondere Bedeutung. Diese Menschen verfügen über eine starke Kraft und Energie, die sie dazu verwenden können, für die Bedürftigen einzutreten und Bedingungen für eine bessere Welt zu schaffen. Ihr Idealismus und ihre Leidenschaft sind ansteckend und können viele Menschen jeden Alters, jeder Kultur und jeder Nationalität inspirieren. Sie sind sehr gut darin, ihre Gefühle zu zeigen, Beziehungen zu anderen aufzubauen und konstruktive Ideen zu entwickeln. Zudem sind sie geborene Idealisten, die sich jeder Herausforderung stellen und sogar in den schwierigsten Situationen neue Wege finden. Gemeinsam können diese Menschen unglaubliche Dinge erreichen. Ihr Mut und Idealismus ermöglichen es ihnen, den Status quo infrage zu stellen und soziale Missstände zu erkennen. Obwohl sie manchmal zurückhaltend sind, können sie bei Bedarf zu einer gerechten Lösung beitragen. Sie bleiben hartnäckig an einer Sache dran und sind sehr zielorientiert, wenn es um die Umsetzung geht.

Ihre Leidenschaft und Energie für ein bestimmtes Anliegen inspiriert diejenigen in ihrer Umgebung, mitzumachen und ihren eigenen Beitrag zu leisten. Sie zeichnen sich durch ihre freiheitliche Einstellung und ihre Leidenschaft aus und können ein besseres Verständnis zwischen Menschen unterschiedlicher Hintergründe fördern. Mit ihrem unermüdlichen Einsatz können diese Menschen andere inspirieren und begeistern.

Doppelzahl 77

Die numerologische Doppelzahl 77 ist ein besonderes Symbol für Menschen, die höhere Erwartungen an das Leben haben und dafür bekannt sind, aus ihrer sozialen Komfortzone herauszutreten. Diese Menschen besitzen eine starke Empathie und Verständnis für andere, weshalb sie sehr beliebt sind. Ihre analytischen

Fähigkeiten und lösungsorientierte Denkweise machen sie zu sehr kreativen Individuen, die gerne neue Ideen entwickeln und über den Tellerrand hinausschauen. Allerdings neigen sie dazu, sich leicht ablenken zu lassen und nicht immer in der Lage zu sein, ihre kreativen Ideen umzusetzen. Sie sind gründlich und manchmal extrem in ihrem Denken, was es teilweise schwer macht, sie zu überzeugen. Menschen mit der Doppelzahl 77 haben auch eine starke spirituelle Neugierde und interessieren sich für verborgene Gesetze, die das Leben bestimmen und spirituelle Praktiken, die ihnen helfen, in Kontakt mit ihren eigenen Gefühlen und Bedürfnissen zu kommen.

Menschen mit der Doppelzahl 77 sind in der Regel sehr fürsorgliche und liebevolle Personen. Sie sind gute Kommunikatoren und verständnisvoll sowie empathisch, weshalb sie großartige Ratgeber und Freunde sind. Ihr Interesse an verschiedenen Aspekten des Lebens und ihre Fähigkeit, Dinge aus verschiedenen Perspektiven zu betrachten, macht sie zu inspirierenden und engagierten Mitmenschen.

Doppelzahl 88

Die Doppelzahl 88 kann für denjenigen, der sie sieht oder auf sie stößt, sehr motivierend sein. In der Numerologie steht die Zahl 8 für Macht, Führung und Kontrolle. Sie symbolisiert das Universum und die Unendlichkeit und drückt eine starke spirituelle Verbindung aus. Eine doppelte 8 bedeutet also eine verstärkte Ausdrucksform dieser Eigenschaften. Die Doppelzahl 88 weist auf eine sehr starke spirituelle Energie hin und kann ein Indikator dafür sein, dass man sich auf einem Weg befindet, der einen zu einem höheren Bewusstsein und zu einer stärkeren spirituellen Verbindung führt. Diese Energie kann sehr motivierend sein, da sie uns dazu ermutigt, unsere spirituelle Reise weiterzuführen und uns daran erinnert, dass wir eine starke Verbindung zu etwas Größerem haben. Sie kann uns helfen, unsere Ziele und Träume zu verfolgen und uns dazu inspirieren, uns selbst und andere zu führen und zu unterstützen. Die Doppelzahl 88 kann auch ein Indikator für finanziellen Erfolg sein. Die Zahl 8 ist in vielen Kulturen ein Symbol für Reichtum und Wohlstand und eine doppelte 8 verstärkt diese Bedeutung. Dies kann uns dazu ermutigen, hart zu arbeiten und uns um unsere finanziellen Ziele zu kümmern. Es ist jedoch wichtig zu beachten, dass die spirituelle und finanzielle Führung, die die Doppelzahl 88 symbolisiert, nicht einfach so gegeben wird. Es erfordert harte Arbeit, Engagement und Konsequenz, um die Energie, die die Doppelzahl 88 verkörpert, vollständig zu nutzen.

Zusammenfassend kann man sagen, dass die Doppelzahl 88 in der Numerologie eine sehr starke und motivierende Bedeutung hat. Sie erinnert uns daran, dass wir eine starke spirituelle Verbindung haben und dass wir die Fähigkeit und das Potenzial besitzen, uns selbst und andere zu führen und zu unterstützen. Die 88 kann uns dazu inspirieren, hart zu arbeiten und uns um unsere spirituellen und materiellen Ziele zu kümmern

Doppelzahl 99

Die Doppelzahl 99 ist eine universelle Energie, die für Menschlichkeit, Geduld, Mitgefühl und Liebe steht. Diese Menschen haben sich dazu entschieden, ihre besten Qualitäten und Fähigkeiten einzusetzen, um der Menschheit zu dienen, unabhängig davon, wer sie sind oder wo sie herkommen. Doppelzahlen gehören zu den mächtigsten Energien, die es gibt, und können uns dabei helfen, das größte Glück und den größten Erfolg zu erreichen. Menschen, die mit den Energien der Doppelzahl 99 gesegnet sind, verfügen über ein sehr starkes Mitgefühl und ein besonderes Einfühlungsvermögen für die Gefühle anderer Menschen. Sie sind dazu in der Lage, ganzheitliche Lösungen zu kreieren. Diese Fähigkeiten machen sie zu idealen Partnern, um Frieden zu schaffen und zur Vermittlung beizutragen. Diese Menschen haben ein ausgeprägtes Gefühl für Gerechtigkeit und stehen selbstlos für die Rechte anderer ein. Sie sind bereit, auf ihre Bedürfnisse zu verzichten, um anderen zu helfen. Sie sind starke Führungspersönlichkeiten, die anderen dabei helfen, ihr größtes Potenzial zu erreichen. Die Doppelzahl 99 steht für Freundlichkeit und Einfühlungsvermögen und fordert andere dazu auf, auch so zu denken und zu handeln. Durch ihr Mitgefühl und ihre Liebe zur Menschlichkeit vermittelt die Doppelzahlen 99 eine bestimmte Energie, die sich auf ihr gesamtes persönliches und berufliches Umfeld auswirkt.

Die Doppelzahl 99 ist ein Symbol für Toleranz und Respekt, für Geduld und Mitgefühl. Menschen, die diese Energie in sich tragen, lieben es anderen zu helfen und sie wollen die Menschheit unterstützen. Diese Menschen sind vorbildliche Führungspersönlichkeiten, die unser gesamtes Leben verändern können. Sie sind das Symbol für die Liebe, die durch Barmherzigkeit und Selbstlosigkeit kommt.

Die Doppelzahl 00

Die Doppelzahl 00 kann etwa in einem Geburtsdatum als zwei Nullen auftauchen (bspw. 10.01.2001). Diese Doppelzahl steht symbolisch für ein ständiges Verändern und Wandeln. Menschen mit einer doppelten 0 haben ein Gespür für Herausforderungen und sie sind immer bereit, ihre Komfortzone zu verlassen und sich weiterzuentwickeln. Sie haben ein hervorragendes Gedächtnis und ihre Vorstellungskraft ist ebenfalls sehr groß. Aufgrund ihrer natürlichen Offenheit gegenüber Veränderungen können sie leicht auf neue Trends zugreifen und sie sind immer bereit, neue Dinge auszuprobieren. Wer jedoch die Doppelzahl 00 hat, muss sich auch mit einigen Ablenkungen befassen. Menschen mit dieser Zahl stellen eine besondere Art von Kreativität dar. Sie können Ideen schnell und einfach produzieren und durchsetzen. Außerdem sind sie dabei sehr fokussiert und arbeiten gerne in einer Gruppe. Ihre Fähigkeit, leicht Verbindungen herzustellen, macht sie zu idealen Teammitgliedern.

Menschen, die die Doppelzahl 00 aufweisen, neigen dazu, sich ständig weiterzuentwickeln und sich immer wieder auf Veränderungen und neue Herausforderungen einzulassen.

Übersicht der Doppelzahlen

Doppelzahl	Bedeutung	Positive Eigenschaften	Negative Eigenschaften
11	Erkenntnis und Einheit	Vertrauen in sich selbst, Empfindsamkeit, Wissen um die eigene Bedeutung, Sorge um andere, Fähigkeit zur Leitung, Ermutigung, Klugheit, starke Entschlossenheit, Tapferkeit, innere Stärke, Einzigartigkeit.	Unsicherheit, Selbstsucht, Eitelkeit, Gewalttätigkeit, Unnachgiebigkeit, Einflussnahme auf andere
22	Polarität und Unterscheidung	Hochgeschätzte Feinfühligkeit, tiefgründige Intuition, lebendige Traumerinnerung, übernatürliche Wahrnehmungsfähigkeit, intuitives Talent, erhöhte Denkfähigkeit, hilfsbereite Natur, Anpassungsfähigkeit.	Zweifel, Traurigkeit, der Wunsch anderen zu helfen, die Vermeidung von Liebe, die Suche nach Macht, die Gefahr, süchtig zu werden.
33	Lebensfreude, Schöpferkraft und Kreativität	Hervorragende Kreativität, musikalisches Talent, unerschütterlicher Wille, medizinisches Wissen, analytische Fähigkeiten, expressives Talent, schriftstellerische Fähigkeiten, praktische und bescheidene Natur, freundlicher Charakter, bereit für Ideale zu opfern.	Intensive Gefühle, Egoismus, Unabhängigkeit, Besitzstreben, Sehnsucht nach Konträrem, teilweise sinnlose Hingabe.
44	Konstante Stabilität und Realisierung	Verantwortungsbewusstsein, Konzentration, Ausdauer und Disziplin bei der Arbeit, Umsetzung der Konzepte, Fähigkeit Theorie in die Praxis umzusetzen, Ausführungskraft, weltweit orientiert, Naturverbundenheit.	Festlegung und Besessenheit, Präzision bis zur Pedanterie, Starrköpfigkeit, verschwenderisch, Beharrlichkeit bei überflüssigen Glaubens- und Wertvorstellungen.
55	Vollkommene Freiheit und Kommunikation	Starke Sehnsucht nach Freiheit, Abenteuer und Reisen, die Lust auf Veränderungen und Neues auszuprobieren, Energie, Sinnlichkeit, Anspruch an Struktur und die starke Fähigkeit zu glauben.	Neigung zu autoritärem Verhalten, Angstgefühle, Zerstreuung, Grollen, starkes Helfer-Syndrom.
66	Durchsetzungs-vermögen und Lebensstärke	Seelenfrieden, Wahrhaftigkeit, Familienbande, Zuneigung, Lebendigkeit, großmütig, wohltätig, edelmütig, einsichtig, willensstark, fest entschlossen, zuverlässig.	Streben nach Durchsetzung ohne Rücksicht auf Konsequenzen, die Gefahr, dass unkontrollierte Emotionen und Aggressionen entfesselt werden, stur, anmaßend, streitlustig,

			überbesorgt und besitzergreifend.
77	Mystik und vollkommene Fülle im Leben	Grundvertrauen in das Leben, Intuition, Weisheit, Verstand, Dynamik, Kreativität, logisches Denken, Eigenständigkeit, musikalische Fähigkeiten, Selbstbewusstsein, Neugier, Paranormales und Spiritualität, newusste innere Reise, Zuneigung zu der Natur und zu Tieren.	Verleugnung, Selbstopferung, Täuschungen, Verlangen nach Vergnügen, Gefühl der Einsamkeit.
88	Balance, Ausgeglichenheit und Gerechtigkeit	Freude am Leben, Verführung, Zusammenhalt, Courage, Energie, Autorität, Struktur, Business und Besitz, überwältigende Anziehungskraft, starke Persönlichkeit, Schärfe des Verstandes, Realitätssinn.	Sich in Gruppen nicht wohlfühlen, finanziell zwischen Geiz und Verschwendungssucht schwankend, Schwierigkeiten in Beziehungen, Fokus auf Stellung und Rang, muss alles durchmachen, um anderen wahrheitsgemäß zu glauben.
99	Empathie und allumfassende Lieb	Zuneigung zu den Menschen und allen Geschöpfen, Eigenwertschätzung, Vitalität, Sozialkompetenz, Vermittler, bedeutender Denker, Optimismus, Geduld.	Skeptisch, ungeduldig, bequem, leichtsinnig, ungestüm, sensibel, gereizt, allzu nachsichtig.
00	Neubeginn und Entwicklung	Beginn von Neuem, unendliche Optionen, Verwandlung bis zum Fertigstellen, tiefgreifendes geistiges Wachstum, Wunsch nach dem Unerschöpflichen, Erinnerungen an vorherige Existenzen, kann schnell das Grundlegende vom Unbedeutsamen unterscheiden, ist aufopfernd, verlässlich, verantwortungsbewusst und vermittelnd.	Eine übermächtige Präsenz, völliges Durcheinander von Ideen, autoritär, zerbrechlich und verletzend, unruhig und abhängig.

Meisterzahlen

Meisterzahlen können uns helfen, unsere Erfahrungen im Leben zu verbessern. Sie symbolisieren Potenzial, Glück und Wohlergehen, sodass sie dazu beitragen können, unser Leben zu verändern und uns zu einem erfüllten Leben zu führen. In der Numerologie beziehen sich Meisterzahlen auf bestimmte Zahlenkombinationen, die als besonders bedeutungsvoll angesehen werden. Diese Zahlen haben eine besondere spirituelle Bedeutung und tragen dazu bei, dass Sie Ihr Lebensziel erreichen. Die meisten Meisterzahlen reichen von 11 bis 44. Es handelt es sich dabei also um Doppelkombinationen der Grundzahlen 1, 2, 3 und 4, also 11, 22, 33 und 44. Sie sind, wie die Doppelzahlen, eine Erweiterung der Grundzahlen, in der die jeweiligen Aspekte verstärkt werden. Die Symbolkraft der Meisterzahlen kann genutzt werden, um uns auf eine Ebene zu bringen, die uns Orientierung, Beständigkeit und Bestimmung in unserem Leben gibt. Meisterzahlen können uns daran erinnern, Entscheidungen aus dem Bauch heraus zu treffen und uns auf unseren Kurs zu konzentrieren. Wenn wir uns darauf fokussieren, positiv zu denken und uns nicht von negativen Gedanken beherrschen zu lassen, können wir effektiver werden und Probleme leichter lösen. Mit Meisterzahlen können wir uns daran erinnern, die Kraft in uns selbst zu sehen, zu akzeptieren und in die Tat umzusetzen. Wir können sie auch als Weckruf betrachten, um uns daran zu erinnern, positive Veränderungen in unserem Leben zu bewirken. Die Zahl kann Ihnen helfen, die reale Kraft und die spirituellen Einflüsse auszugleichen, die wir im Alltag erleben. Es ist wichtig zu wissen, wo Meisterzahlen und Doppelzahlen sich treffen, damit man tief ins Detail bohren und die Botschaft hinter jeder Zahl verstehen kann. Meisterzahlen übernehmen oft spirituelle Themen wie Einheit, Führung und Intuition. Diese Zahlen sind nützlich, wenn es darum geht, uns bei Entscheidungen, Veränderungen und unerwarteten Wendungen zu unterstützen. Es ist eine gute Art und Weise, uns an neue Wege zu erinnern, die wir einschlagen sollten.

Doppelzahlen hingegen bieten uns ein realistischeres Bild. Diese Zahlen stehen in Beziehung zur materiellen Ebene und helfen uns, uns in unserem alltäglichen Leben zurechtzufinden. Mit ihrer Hilfe können wir unsere Stärken und Schwächen erkennen und unseren Weg zum Erfolg erleichtern. Der Einfluss beider Zahlenbereiche ist wichtig, wenn man sein vollständiges Potenzial verwirklichen will. Wenn man eine Meisterzahl in der eigenen Namensanalyse hat, lohnt es sich, diese mit ihren Doppelzahlen zu verbinden, um deren Kraft in die alltäglichen Ereignisse und Entscheidungen zu integrieren. Wenn Sie eine Meisterzahl in Ihrer Namensanalyse vorfinden, ist es ratsam, sich zuerst mit den jeweiligen Doppelzahlen zu befassen. Diese bewegen sich auf der irdischen, materiellen Ebene und können Ihnen helfen, Ihre Erfahrungen auf dieser Ebene zu verstehen. Meisterzahlen beschäftigen sich jedoch mit Motiven, die auf der spirituellen Ebene stattfinden. Es ist wichtig, dass Sie sich mit beiden Arten von Zahlen auseinandersetzen, um ein vollständiges Bild Ihrer Persönlichkeit zu erhalten.

Die Meisterzahlen sind eine große Herausforderung für uns Menschen. Sie bringen uns an unsere Grenzen und zwingen uns, unser volles Potenzial auszuschöpfen. Wir werden so lange von ihnen geprüft, bis wir das Ziel der entsprechenden Zahl, also uns das Wissen und die Fähigkeiten, welche die Zahl von uns fordert, angeeignet haben. Diese Prüfungen können sehr anstrengend sein, doch sie sind unumgänglich, um unsere Persönlichkeit weiterzuentwickeln. Die Energien der Meisterzahlen sind sehr stark und beanspruchen daher viel Kraft und Ausdauer von uns. Manchmal fühlen wir uns hilflos und ausgelaugt, doch wenn wir das Lernziel erreicht haben, ist die Belohnung umso größer. Wir fühlen uns dann mit unserer Aufgabe verbunden und können unsere Gaben voll und ganz einsetzen. Die Meisterzahlen sind also eine große Chance für uns, an uns selbst zu arbeiten und unser Potenzial voll auszuschöpfen.

Die Bedeutung der Meisterzahlen lässt sich wie folgt zusammenfassen:

11: Spiritualität und Inspiration

22: Praktisches Handeln und Große Visionen

33: Lehrer und Führungskraft

44: Praktikabilität und Leistung

Bedeutung der Meisterzahlen

Die Meisterzahl 11

Wenn der Weg vor einem ungewöhnlich und aufregend wird und es viel zu lernen und zu erforschen gibt, folgen viele Menschen der Meisterzahl 11. Sie glauben, dass sie den richtigen Appetit auf Entdeckungen haben, um sich in ein neues Abenteuer zu stürzen. Die Zahl 11 wird nicht nur mit einer gesunden Portion an Mut, sondern auch mit einzigartigen Fähigkeiten verbunden, die es Menschen ermöglichen, sich als Meisterstück auf ein neues Abenteuer einzulassen. Die Meisterzahl 11 stellt allein interpretiert eine Zahl dar, die für die meisten unerreichbar, aber voller Mystik und Macht ist. Es wird angenommen, dass Menschen, die über diesen verschleierten Einfluss verfügen, außergewöhnliche Fähigkeiten besitzen, einschließlich starkem Ehrgeiz, Inspiration zur Umsetzung neuer und kreativer Ideen sowie der Kraft, Veränderungen vorzunehmen. Menschen, die sich der Meisterzahl 11 widmen, verfügen über bestimmte Talente, die sie in die Lage versetzen, Ideen und Dinge in einer Art und Weise zu verwandeln und zu verändern, die viele andere Menschen nicht können. Einige dieser Talente sind Kreativität, Kühnheit, Kommunikation und Führungsqualitäten. Die Umsetzung dieser natürlichen Fähigkeiten geschieht oft, indem die Menschen ihren Ehrgeiz und Mut nutzen, um sich neuen Herausforderungen und Abenteuern zu stellen. Diese Erfahrungen ermöglichen es ihnen, ihre begabten Talente umzusetzen.

Alle, die von der Meisterzahl 11 angezogen werden, können sich darauf verlassen, dass sich viele Eigenschaften und Fähigkeiten manifestieren, die sie in die Lage versetzen, große und unerwartete Abenteuer zu erleben. Der Erfolg wird direkt proportional zu ihrer Einstellung gegenüber dem Unbekannten sein.

Die Meisterzahl 22

Menschen mit der Meisterzahl 22 haben es sich zur Aufgabe gemacht, sich selbst und andere zu meistern. Sie sind sehr sensitiv und intuitiv und verfügen über erstaunliche Fähigkeiten. Diese besonderen Menschen können viel erreichen und haben eine große Auswirkung auf andere. Sie sind geborene Kämpfer, die nicht nur aufstreben, sondern auch für andere weitergehen wollen. Sie sind sehr diszipliniert und haben eine starke Arbeitsmoral, die sie motiviert. Sie arbeiten hart und sind entschlossen, das Beste aus allem zu machen, was sie tun. Menschen mit der Meisterzahl 22 hören auf ihr Bauchgefühl, was ihnen hilft, in schwierigen Situationen logische Entscheidungen zu treffen. Sie sind sensibler als andere und oft sehr aufmerksam gegenüber ihrer Umgebung. Diese Menschen sind immer auf der Suche nach Gerechtigkeit und versuchen alle Schwierigkeiten zu überwinden, die ihnen begegnen. Sie sind sehr besonnen und behandeln andere mit Respekt und Freundlichkeit.

Die Meisterzahl 22 ist eine ziemlich mächtige Zahl und kann starke Einflüsse auf unsere Gedanken und Gefühle haben. Diese Menschen sind eher ruhig und besonnen und nutzen ihre gefühlvollen Fähigkeiten, um denen zu helfen, die in Not sind. Sie sind Macher, die mit großer Konzentration darauf aus sind, ihre Ziele zu erreichen. Menschen, die die Meisterzahl 22 in sich tragen, werden viel erreichen und am Ende ihr Glück finden.

Die Meisterzahl 33

Die Meisterzahl 33 steht für eine friedliche Verbindung zwischen den Menschen, sowohl nach innen als auch nach außen. Sie repräsentiert eine tiefe, innere Freiheit und Unabhängigkeit. Sie steht auch für Talent und Inspiration, aber auch für Kreativität, Intuition und Charisma. Menschen mit dieser Zahl sind kreativ und intelligent. Die Meisterzahl 33 steht vorrangig für höchste künstlerische Begabungen und Lebensfreude. Menschen, die eine so mächtige Zahl in sich tragen, entwickeln in aller Regel ein ausgeprägtes Interesse an Kunst, Musik und Design. Sie lieben alles Schöne und sind von einer positiven Aura umgeben. Ihr Verstand ist scharf, ihr Charme unwiderstehlich und sie sind in der Lage, das Potenzial anderer Menschen hervorzuheben und es zu optimieren. Ihr Ideenreichtum ist unerschöpflich und die Kreativität, mit der sie dabei vorgehen, ist einfach beeindruckend. Betroffene besitzen eine starke innere Stärke und ein unerschütterliches Selbstvertrauen. Sie sind entschlussfreudig und setzen sich zielstrebig und standhaft für ihre Visionen ein. Darüber hinaus haben Menschen mit der Meisterzahl 33 die Fähigkeit, das Beste aus jeder Situation herauszuholen. Sie sind voller Lebensfreude und erkennen die positiven Seiten jeder Situation. Sie sind anpassungsfähig und auf jede neue Herausforderung immer gut vorbereitet.

Alles in allem kann gesagt werden, dass die Meisterzahl 33 ein Phänomen ist, das Menschen außergewöhnliche Talente, Intuition, Kreativität, Charme und Lebensfreude verleiht. Menschen, die mit der Meisterzahl 33 geboren werden, führen ein aufregendes und vielseitiges Leben. Sie sind charmante und charismatische Menschen, die in vielerlei Hinsicht einzigartig sind. Sie werden immer von Glück begünstigt sein und dank ihres Könnens und ihrer Schaffenskraft können Sie große Erfolge und Erfüllung erreichen.

Die Meisterzahl 44

Die Meisterzahl 44 wird oft als Symbol für Kraft und Komplexität angesehen. Menschen mit dieser Zahl werden als meisterhafte, starke, organisierte und disziplinierte Persönlichkeiten betrachtet. Sie haben eine technische Grundlage, mit der sie es schaffen, sich ihrem eigenen Leben vollständig zu stellen und es im Sinne ihrer Wünsche und Ziele zu organisieren. Menschen mit der Meisterzahl 44 zeigen in vielerlei Hinsicht bemerkenswerte Fähigkeiten und Eigenschaften. Sie können problemlos viele verschiedene Dinge gleichzeitig erledigen und sogar sehr anspruchsvolle Aufgaben bewältigen. Diese Personen sind überaus organisiert und diszipliniert. Sie versuchen, jede Aufgabe möglichst schnell und effizient zu erledigen. Die Meisterzahl 44 verleiht Menschen eine starke Kontrolle über ihr Leben. Sie haben ein tiefes Verständnis für Finanzen, Politik und Gesetzgebung. Mit langfristigem Denken und klaren Zielen bauen sie ein stabiles Fundament für ihr Leben auf. Ihre Entschlossenheit und Organisation hilft ihnen, alle ihre Ziele zu erreichen. Sie verfügen über ein einzigartiges Talent zur Organisation und Verwaltung und haben die Fähigkeit, komplexe Probleme effizient zu lösen. Sie können sich auch frühzeitig auf schwierige Situationen einstellen und schnell handeln. Dank ihres scharfen Verstandes und ihrer analytischen Fähigkeiten erkennen sie rasch neue Wege und nehmen Trends frühzeitig wahr.

In der Gesamtheit ist die Meisterzahl 44 eine Zahl, die Kraft, Weisheit und ein tiefes Verständnis für die eigene Lebensgeschichte symbolisiert. Sie ermöglicht es Menschen, ihr Leben auf ein höheres Niveau zu heben und Ziele zu erreichen, die sonst unmöglich wären. Die Disziplin und Organisation der Meisterzahl 44 machen es Menschen möglich, ihr höchstes Potenzial zu erreichen und ihren Traum zu verwirklichen.

Teil 2: Ihre persönlichen Zahlen berechnen und interpretieren

Namenszahl

Der Name eines Menschen ist niemals zufällig gewählt. Jeder Name entspricht in der Numerologie einem bestimmten Auftrag und Anliegen seiner Seele. So soll uns unser Name dabei helfen, unsere Lebensaufgabe zu erfüllen. In gewisser Weise ist unser Name also die Essenz unserer Seele. Oft wird uns gesagt, wir sollten unseren Namen mit Bedacht wählen. Doch in Wahrheit hat uns diesen Namen meist schon unsere Intuition ausgesucht – in Form unserer Eltern. Denn sie konnten in dem Moment, als wir geboren wurden, intuitiv den richtigen Namen für uns aussuchen. Natürlich hatten sie dabei keine Ahnung von der Numerologie oder der Bedeutung unseres Namens. Sie vertrauten aber instinktiv darauf, dass dieser Name gut für uns sein wird. In diesem Sinne ist unser Name also viel mehr als nur ein Wort – er ist eine Botschaft unserer Seele. Eine Botschaft, die uns hilft, unsere wahre Bestimmung zu finden und zu leben. Die Erkenntnis, welche Energie Ihre Namenszahl repräsentiert, kann Ihnen helfen, ein besseres

Verständnis für Ihre Stärken, Schwächen und Potenziale zu gewinnen. Es kann Ihnen auch eine neue Perspektive auf Ihr Leben und Ihre Ziele geben.

Unser Name ist eine Art sichtbare karmische Signatur. Er ist ein Spiegelbild unseres Schicksals und unserer Vorsehung. Die Zahl, die sich aus den Buchstaben ergibt – die Namenszahl – kann uns helfen, unseren Lebensweg besser zu verstehen und zu meistern. Mithilfe dieser Zahl können wir herausfinden, welche Seite des Lebens wir am besten kontrollieren können. Sie gibt uns auch einen Ratschlag, wie wir am besten mit anderen Menschen, aber auch in stressigen Situationen umgehen können. Die Namenszahl stellt eine Art Werkzeugkasten dar, mit dem Sie Probleme in Ihrem eigenen Leben und dem anderer Menschen sowie viele Situationen besser bewältigen und meistern können. Jeder von uns hat eine einzigartige Namenszahl und niemand außer uns selbst kann sie in die Tat umsetzen. Wir müssen unseren eigenen Weg finden, um unser Potenzial zu maximieren. Eine Sache, die uns unser Name jedoch sagen kann, ist, dass er Ratschläge enthält. Er erinnert uns daran, dass wir einzigartig sind und dass wir es wert sind, das Beste aus uns zu machen.

Ein **Vorname** hat viele Facetten und wirkt sich auf unser Leben aus. Der Vorname, den wir von unseren Eltern erhalten, entscheidet maßgeblich darüber, wie wir in der Gesellschaft wahrgenommen werden. Viele Menschen erhalten prägende Vornamen, die im Laufe ihres Lebens eine große Rolle spielen. Für Erwachsene bringt ein kurioser Vorname oft unerwünschte Aufmerksamkeit mit sich. Auch bei der Hochzeit bleibt der Vorname erhalten. Numerologen gehen davon aus, dass der Vorname ein Schlüssel dazu ist, die seelischen Grundmuster eines Menschen zu verstehen. Aus der Zahl, die dem Vornamen entspricht, können Sie Rückschlüsse darüber ziehen, wie die Persönlichkeit des Menschen ist und wie er sich in seiner Familie und bei seinen Freunden präsentiert. Die Zahlen beeinflussen unsere Talente, Persönlichkeit und Eigenschaften, aber auch unsere Ziele und die Lebensaufgaben, die es zu bewältigen gilt.

Der **Nachname** ist ein wichtiger Bestandteil unserer Identität und ein lebendiges Zeichen unserer Herkunft und Familie. Er ist das, was Verbindung und Beständigkeit ausmacht. Durch einen Nachnamen können wir uns mit unserer Herkunft und unserer Familie verbinden und die mit ihnen verbundenen Werte und Eigenschaften erhalten. In jeder Kultur hat der Nachname eine andere Bedeutung. In einigen Kulturen ist er ein Symbol für eine Familie, während er in anderen Kulturen ein Symbol für den Erfolg oder den Rang in der Gesellschaft ist. Er repräsentiert nicht nur Familie und Herkunft, sondern hat auch eine symbolische Bedeutung in der Numerologie. Er beschreibt die Wirkung, die Ansprüche und den Charakter der Familie. Durch die Numerologie können wir Auswirkungen und Einflüsse sehen, die auf eine Familie wirken. Außerdem können wir erkennen, welche Eigenschaften in der Sippschaft vorhanden sind. Der Nachname ist das Bindeglied unserer gemeinsamen Wünsche und Ziele. Wir können unsere Ergebnisse und unseren

Erfolg mit unseren Leistungen und unserem Engagement in der Gesellschaft verbinden. Es ist eine starke Erinnerung an die kontinuierliche Unterstützung, die wir füreinander haben und an die Stärke der Familienbande.

Berechnung der Namenszahl

Die Zahlen hinter jedem Namen haben ihre eigene Bedeutung und damit ihre eigene Schwingung. Diese Schwingung verbindet uns mit den Menschen, die den Namen tragen. Sie berührt die Menschen in unserem Umfeld und uns selbst und führt letzten Endes zu einer Resonanz.

Der Name, der in Ihrem Ausweis steht, ist der, der den größten Einfluss auf Ihr Leben ausübt und deshalb auch der, mit der stärksten Wirkung. Sollte sich ein Bindestrich im Namen befinden, so wird der Name als ein Wort geschrieben. Aus „Marie-Kristin" wird also „MarieKristin". Wenn Sie einen zweiten Vornamen praktisch nie verwenden, dann ist es sinnvoll, zwei separate Berechnungen durchzuführen. Einmal mit und einmal ohne den zweiten Vornamen zu berücksichtigen und um dann zu schauen, wie gut die Zahlen bei den beiden Varianten harmonisieren. Es besteht im Nachhinein noch die Möglichkeit, neue Berechnungen anzustellen. Dies kann zum Beispiel dann sinnvoll sein, wenn die Namenszahl nicht mit der Schicksalszahl harmoniert. Möglicherweise hat Ihr zweiter Vorname hier doch einen größeren Einfluss auf Ihr Leben, als Sie angenommen haben und wenn Sie diesen in die Berechnung einbeziehen, kann dabei ein stimmigeres Ergebnis herauskommen. Wenn Sie durch Heirat einen neuen Familiennamen erhalten haben, dann können Sie Ihren Geburtsnamen dafür verwenden, um herauszufinden, wie Ihr bisheriger Lebensweg war und wie die Entwicklung bis heute verlaufen ist.

Darüber hinaus sind Namenszusätze zu beachten wie Doktor, Professor oder Ingenieur. Diese werden allerdings in der verkürzten Form dargestellt. Ein „Dr." bekommt damit die Zahl 4 (4 + 9 = 13 = 1 + 3 = 4). Die 4 steht für Verantwortungsbewusstsein, Disziplin und Pflichtbewusstsein. Entsprechend erhält man für den „Prof." den Wert 1. Die 1 steht für Willensstärke und Zielstrebigkeit. Auch hier ist die Disziplin vorhanden. Wenn Sie doppelte Buchstaben in Ihrem Namen haben, deutet dies darauf hin, dass Ihnen Energieblockaden im Weg stehen. Die beiden ähnlichen Buchstaben sind wie zwei gleiche Pole, die sich gegenseitig abstoßen. Diese Blockade verursacht oft emotionale Schwankungen und Unruhe sowie Unzufriedenheit. Diese doppelte Zahl hat jedoch auch ein Ziel, etwas, das wir lernen und erwerben müssen. Wenn dieses Ziel erreicht ist, kann ein Fluss freigesetzt werden, der zur Meisterzahl führt.

Führen wir nun eine beispielhafte Berechnung für den Namen: „Miriam Müller" durch:

M	I	R	I	A	M	M	U	E	L	L	E	R
4	9	9	9	1	4	4	3	5	3	3	5	9

Die Rechnung sieht dann wie folgt aus:

4 + 9 + 9 + 9 + 1 + 4 + 4 + 3 + 5 + 3 + 3 + 5 + 9 = 68 = 6 + 8 = 14 = 1 + 4 = 5

Wie sollten Sie jetzt bei der Beurteilung Ihrer Zahl vorgehen?

Wenn Sie Ihre eigenen Ergebnisse bewerten müssen, dann kann das manchmal schwierig sein. Schließlich müssen Sie sich selbst gegenüber aufrichtig sein und ehrlich ins Gericht gehen. Die Zahlen haben sowohl positive als auch negative Eigenschaften. Es stellt sich die Frage: Womit genau sollen Sie beginnen und wie sollen Sie die beiden Seiten richtig gewichten? Der beste Weg hierbei ist es, wenn Sie Ihr analytisches Denken abstellen und sich auf Ihre Intuition verlassen. Nachdem Sie Ihre Zahl errechnet haben, sollten Sie sich Ihre Bedeutung ansehen und darauf achten, wie sich Ihr inneres Befinden beim Durchlesen der Zeilen oder, wenn Sie bereits die Bedeutung der Zahlen verinnerlicht haben, bei der gedanklichen Auseinandersetzung, verändert. Bleiben Sie in der Rolle des Beobachters, ohne sich übermäßig mit Selbstanalysen auseinanderzusetzen. Wenn es Ihnen gelingt, bei der Deutung Ihrer Zahlen eine Art Vogelperspektive einzunehmen, bei der Sie einfach die Ergebnisse auf sich wirken lassen, dann wird es Ihnen möglich sein, auf Ihr Bauchgefühl zu hören. Dieses verrät Ihnen dann sehr genau, welche Richtung Sie bei der Deutung der Zahlen anpeilen sollten.

Bedeutung der Namenszahlen

Die Namenszahl 1

Wenn die Zahl 1 als Namenszahl auftaucht, bedeutet es, dass man die absolute Autorität über alle Lebensbereiche hat und geboren wurde, um anzuführen. Wenn diese Zahl in einem Namen vorhanden ist, sollte sich die Person öfter bemühen, ihre Fähigkeiten als Führer und Inspirationsträger auf höchster Ebene zu nutzen. Sie hat oft ein inniges Verständnis der Weisheit, ist kreativ und möchte die Welt mit Gedanken, Konzepten und Ideen formen. Menschen mit der Namenszahl 1 verfügen außerdem über ein ausgeprägtes Selbstbewusstsein, einen starken Ehrgeiz und hohe Ziele für ihre eigene Entwicklung. Sie sind hart, aber auch loyal und treu. Wenn sie jemandem gegenüber Loyalität bewiesen haben, erwarten sie auch Loyalität des anderen. Sie akzeptieren kein Verhalten, das von dieser Loyalität abweicht und sie akzeptieren auch keine Gegenargumente. Menschen mit der Zahl 1 vertreten gerne ihre Meinung, obwohl es manchmal unmöglich scheint, sie zu ändern. Diese Menschen wirken oft sehr unabhängig. Aber sie sollten nicht vergessen, dass sie manchmal etwas Hilfe und Unterstützung in bestimmten Situationen benötigen. Es ist wichtig, dass sie sich öffnen und den Rat anderer annehmen. Menschen mit der Namenszahl 1 neigen auch dazu, viele Verantwortungen auf sich zu nehmen, auch wenn sie sie nicht immer tragen können. Sie sollten sich Zeit nehmen, um zu prüfen, ob sie ein bestimmtes Problem lösen können oder ob sie Hilfe annehmen sollten.

Menschen mit der Namenszahl 1 sind stur, voreingenommen, lehnen jeden guten Rat ab und dulden oft keinen Widerspruch. Es ist wichtig, dass diese Menschen reflektieren und aus verschiedenen Perspektiven über die Dinge nachdenken. Oft leiden sie unter niedriger Selbstachtung und stehen vor dem Problem, anderen nicht zu vertrauen. Auch wenn ihr Name eine Energie der Unabhängigkeit und Autorität ausstrahlt, haben sie Schwierigkeiten, sich zu öffnen und zu vergeben. Das Wichtigste ist, dass Menschen mit einer Namenszahl 1 sich bewusst machen, dass sie die Fähigkeit haben, ihr eigenes Leben zu gestalten. Es gibt keine voreingestellten Regeln, nach denen man leben muss. Wenn sie verstehen, dass sie jeden Tag neue Entscheidungen treffen können, können sie eine Verbindung zu sich selbst und zu anderen herstellen.

Die Namenszahl 2

Menschen mit der Namenszahl 2 sind in vielerlei Hinsicht einzigartig. Sie verfügen über eine besondere Ausstrahlung und sind von Natur aus sehr liebevoll und einfühlsam. Sie haben eine besondere Art und Weise zu sehen, zu empfinden und zu handeln, die unverwechselbar ist. Aus diesem Grund mag es zunächst ein wenig überwältigend erscheinen, aber es ist wirklich möglich, die Situationen und Eigenschaften von Menschen mit der Namenszahl 2 besser zu verstehen. Diese Menschen sind sensible Seelen. Für sie sind Gefühle ein bedeutungsvoller Bestandteil ihrer Persönlichkeit. Sie sind dafür bekannt, sehr wohlwollend und ruhig zu sein. Sie versuchen, alle Situationen mit möglichst viel Diplomatie zu behandeln und die Harmonie zu wahren.

Menschen mit der Namenszahl 2 sind launisch, empfindlich und oftmals auch ängstlich. Eine solche Person zu verstehen, kann eine besondere Herausforderung darstellen. Sie haben einen angeborenen Hang zur Emotionalität und sind sehr anfällig für Stimmungsschwankungen. Oftmals stürzen sie sich auch selbst in den Abgrund der Schwermut. Diese Menschen neigen auch dazu, sich selbst zu beobachten und innere Konflikte zu erkennen, die eine schwierige Lösung zu haben scheinen. Die Empfindsamkeit solcher Menschen macht es ihnen schwierig, sich zu wehren, wenn sie angegriffen werden. Sie bevorzugen das Warten, bis sich alles von selbst erledigt, anstatt proaktiv einzugreifen.

Die Namenszahl 3

Menschen mit der Namenszahl 3 sind energisch, lebhaft, schlau und tatkräftig. Sie sind fähig, jede Aufgabe anzugehen und können sich auf verschiedene Situationen gut einstellen. Sie sind stolz, aber auch hilfsbereit, aufrichtig und fürsorglich. Sie sind Meister im Umgang mit schwierigen Situationen und können sich schnell in neue Bereiche einarbeiten. Mit einem Lächeln halten sie alles zusammen. Diese Menschen sehen auch der Realität ins Auge und sie können negative Gefühle überwinden und positiv denken. Sie sind ehrliche und zuverlässige Personen, die immer bereit sind, zu helfen. Sie sind nicht nur gesellig und großzügig, sondern haben auch eine sehr spannende Persönlichkeit, die andere magisch anzieht.

Menschen mit der Namenszahl 3 neigen dazu, rastlos, verstimmt, launisch und eigensinnig zu sein. Unter großem Druck zu leben, ist nicht immer einfach. Sie sind von Natur aus ehrgeizig, was dazu führt, dass sie oft Angst haben, zu scheitern. Sie müssen immer den besten Weg finden, immer gewinnen und sind daher oft überheblich oder arrogant. Auch sind sie sehr diskussionsfreudig und neigen zu Sarkasmus. Dies kann einen Umgang mit diesen Menschen anstrengend gestalten.

Die Namenszahl 4

Die Menschen mit der Namenszahl 4 haben eine natürliche Liebe in sich, anderen Menschen zur Seite zu stehen und sie zu unterstützen. Diese Art der beruflichen Beziehung kann sehr befriedigend sein und ein Gefühl der Sicherheit und Zufriedenheit hervorrufen. Die Zahl 4 ist ein Synonym für Verlässlichkeit, Arbeit und gute alte Traditionen. Sie sind die Mitarbeiter und Verwalter, die körperliche Arbeiten und kreative Aufgaben meisterhaft erledigen. Frauen und Männer mit einer Namenszahl 4 haben eine starke Arbeitsmoral und sind äußerst gewissenhaft und wertschätzend, wenn es um das Erfüllen ihrer Aufgaben geht. Sie sind sehr kreativ und haben ein analytisches und logisches Denkvermögen. Sie sind auch Meister in der Verwaltung und im Management. Es scheint, dass sie eine natürliche Anziehungskraft auf alles haben, was mit Ordnung und Planung zu tun hat.

Die Namenszahl 4 bezieht sich auf Menschen, die einen konservativen Lebensstil verfolgen. Menschen mit der Namenszahl 4 neigen zu Wutausbrüchen, Eigensinn und sind oftmals unsensibel. Sie bevorzugen Ordnung und es mangelt ihnen häufig an Improvisationsgeschick. Daher üben sie oft Druck aus, um Probleme zu lösen. Der Pessimismus, den das Leben mit dieser Namenszahl bringt, führt oft zu einem pedantischen, stressigen Lebensstil. Die ständige Suche nach Stabilität und einem Sinn des Verantwortungsgefühls zeigt, wie sehr sich Menschen mit der Namenszahl 4 sorgen. Oft enden Gespräche in einer endlosen Diskussion oder in Streits, was das Leben für sie sehr anstrengend machen kann.

Die Namenszahl 5

Menschen mit der Namenszahl 5 sind eine breite Mischung aus den natürlichen Facetten, die sich in unterschiedliche Interessen und Persönlichkeiten aufteilen. Sie sind abenteuer- und reiselustig und lieben ihre Freiheit. Sie sind unabhängig und haben die Energie, um sich in ganz neue Bereiche des Lebens zu wagen. Diese Eigenschaften ermöglichen es denjenigen mit der Namenszahl 5, sich durch die Welt zu bewegen und sie zu erkunden. Es ist ihren fortschrittlichen Denkweisen zu verdanken, dass sie einige der aufregendsten Orte auf der Welt besuchen können. Dank ihrer künstlerischen Begabungen können sie mehr über die Kultur eines Landes erfahren und leben auch gerne in fremden Ländern. Ihre rasche Auffassungsgabe und Geschmeidigkeit ermöglichen es ihnen, auf verschiedene Situationen sehr intuitiv zu reagieren. Sie sind in der Lage, sich an neue Umgebungen anzupassen und Probleme zu lösen. Diese Menschen haben die Fähigkeit, andere von ihren Ideen zu überzeugen. Es ist ihre Natur, neuen Eindrücken offen zu begegnen und aktiv zu bleiben. Sie suchen ständig nach neuen Reisen, Erlebnissen und gelegentlichen Abenteuern. Sie haben auch kein Problem damit, schnell Entscheidungen zu treffen und neue Initiative zu ergreifen.

Menschen mit der Namenszahl 5 sind abenteuerlustig und brechen gerne Regeln. Sie probieren gern Neues aus, weshalb sie sich nicht nur schwer an festgelegte Routinen und Normen halten können, sondern auch schnell gelangweilt sind, wenn es zu monoton und eintönig wird. Dies geschieht jedoch meistens nicht nur aus Rücksichtslosigkeit, sondern auch, weil sie gezwungen werden, etwas zu tun, was sie eigentlich nicht tun möchten. Oftmals gehen sie lieber ein Risiko ein, als eine handelsübliche Entscheidung zu treffen. Dies kann manchmal Chaos hervorrufen und nützliche Lektionen mit sich bringen. Menschen mit der Namenszahl 5 können auch launisch, pessimistisch und missmutig sein. Sie sind suchende Seelen und ziehen die Abenteuerlust an. Das bedeutet, dass sie im Leben oft von kurzlebigen und leidenschaftlichen Beziehungen geprägt sind.

Die Namenszahl 6

Menschen mit der Namenszahl 6 sind charakterisiert durch Harmonie und Geborgenheit – in jeder Hinsicht. Sie legen großen Wert auf Partnerschaft und Familie. Diese Beziehungen sind die Grundlage ihres emotionalen Glücks und Wohlbefindens. Frieden und Güte sind ihre Priorität und sie interessieren sich sehr für die Menschen um sie herum. Egal, ob Freunde, Kollegen oder Familienmitglieder, sie unterstützen, helfen und geben immer gerne Rat und kümmern sich auch um ihre Mitmenschen. Zudem sind sie sehr friedfertig und besitzen die Fähigkeit, sich elegant auszudrücken und zu kommunizieren. Diese Menschen haben gerne Kontakt und lieben die Interaktion mit anderen. Sie sind zudem sehr charmant und freundlich und mögen es, wenn man ihnen zuhört und sich ihnen gegenüber ehrlich und offen zeigt. Mit der

Namenszahl 6 verbindet man auch Großzügigkeit und Gastfreundschaft. Sie sind von Natur aus sehr hilfsbereit und sorgen dafür, dass alle in ihrem Umfeld sich wohl und willkommen fühlen.

Die Menschen, die mit der Namenszahl 6 geboren wurden, sind Menschen voller Sehnsucht nach Liebe und Gutem. Sie sehnen sich nach einer engen Verbindung zu anderen. Doch diese Sehnsucht kann manchmal zu schmerzhaften Eifersuchtstendenzen führen. Sie sind in ihrer Welt sehr konservativ. Sie tun alles Mögliche, um eine Verbindung herzustellen und es fällt ihnen schwer, die harten Grenzen zu akzeptieren, die manchmal in der Liebe errichtet werden. Diese Desorientierung kann zu emotionalen, psychologischen oder sogar zu physischen Abhängigkeiten (Alkohol, Essen, Drogen usw.) führen. Zudem neigen solche Menschen auch zu Geiz und Sparsamkeit.

Die Namenszahl 7

Die meisten Menschen mit der Namenszahl 7 sind lernbegierig, neugierig und von Natur aus spirituell veranlagt – umso mehr, je mehr sie sich mit der Thematik beschäftigen. Es ist daher nicht überraschend, dass sich so viele dieser Menschen für die Religion, Philosophie, Metaphysik und das Spirituelle interessieren. Sie suchen Antworten auf ihre Fragen über das Leben und die Welt und sind dazu geneigt, nach einem tiefergehenden Verständnis zu suchen. Dieses grundlegende Verständnis bestimmt den Weg, den sie im Leben gehen und die Art, wie sie ihre Ziele erreichen. Sie schätzen es, neue Dinge zu lernen. Es lohnt sich, ihnen zuzuhören, denn in ihren Gesprächen findet sich oft ein tiefes Verständnis der Dinge. Zudem sind sie sehr geduldig, was es ihnen erlaubt, alles auf eine Weise zu betrachten, die anderen verwehrt ist. Bei allem, was sie tun, versuchen sie immer, anderen zu helfen. Sie sind großzügig und reisefreudig, sodass sie viele Erfahrungen machen und Menschen aus der ganzen Welt kennenlernen können. Stress oder Unruhe machen ihnen meist nichts aus. Stattdessen bevorzugen sie es, ruhig zu bleiben und die Dinge in Ruhe zu betrachten.

Menschen mit der Namenszahl 7 wollen am liebsten für sich sein, deshalb ziehen sie sich häufig in ihr eigenes Schneckenhaus zurück. Sie schauen lieber nach innen als nach außen und entscheiden sich bewusst dafür, sich von Menschengruppen zurückzuziehen und sich auf ihre eigene Intuition zu verlassen. Inmitten von Menschen sind sie ängstlich, verschlossen und eher pessimistisch. Dies ist nicht immer so, aber immer wieder erleben diese Menschen Einsamkeit und Unbehagen. Ein Mensch mit der Namenszahl 7 neigt dazu, alles zu beschönigen und die Realität zu meiden. Dieser Mensch möchte die Dinge gerne anders sehen, als sie wirklich sind. Sie stürzen sich in Träume, ohne realistisch zu sein.

Die Namenszahl 8

Menschen mit der Namenszahl 8 verbindet man mit Erfolg und Macht. Sie lieben das Geschäft und Geld. Und um dies zu erreichen, brauchen sie Mut, eine enorme Willenskraft, Energie und Konzentration. Die Namenszahl 8 ist darüber hinaus für ihre Praktikabilität, Energie und Tüchtigkeit bekannt. Diese Menschen sind gut in der Lage, schwierige Situationen zu meistern und etwas daraus zu lernen. Sie sind auch äußerst konzentriert und entschlossen. Deshalb geben sie niemals auf, wenn sie sich einem Ziel nähern. Auch wenn die schnellen Erfolge und Macht nicht immer leicht zu erlangen sind, können sie den Weg gehen, indem sie fest an sich glauben. Durch die Selbstdisziplin, die sie haben, können sie alles erreichen, was sie sich vornehmen. Diese Menschen sind fähig, bisherige Grenzen zu überwinden und gleichzeitig diejenigen zu inspirieren, die sich für sie entscheiden. Egal, ob es sich um Finanzen, Business oder sogar ein soziales Engagement handelt – Diese Menschen besitzen die Fähigkeiten, um sowohl auf einem persönlichen als auch auf einem professionellen Level zu expandieren. Jeder, der bereit ist, hart zu arbeiten und sich nicht von den Hindernissen auf seinem Weg aufhalten zu lassen, kann mit einer 8 erfolgreich sein und seine persönlichen Ziele erreichen.

Menschen, die die Namenszahl 8 haben, sind leidenschaftlich und haben ein starkes Gefühl der Bestimmung. Dieses Gefühl kann sowohl positiv als auch negativ auf sie und ihre Mitmenschen wirken. Sie gehören zu denen, die hohe Ansprüche an sich selbst und an andere stellen. Sie sind oft ungeduldig und äußerst schwierig anzupassen. Manchmal können sie auch rebellisch, tyrannisch und hartherzig sein. Dies liegt daran, dass sie sich nicht gerne an die aufgestellten Regeln und Moralvorstellungen halten. Wenn sie sich dagegen auflehnen, können sie auch starrköpfig sein.

Die Namenszahl 9

Menschen mit der Namenszahl 9 sind immer auf der Suche nach besseren, rechtschaffenen Wegen, um anderen zu helfen. Sie zeigen Liebe, Mut und Respekt anderen gegenüber. Sie sind sozial und der Meinung, dass es für jeden möglich ist, ein positives Ergebnis zu erhalten, wenn man aufrichtig ist. Diese Menschen haben grundsätzlich ein Gefühl für Gerechtigkeit und sind stets fair in der Verteilung ihrer Liebe und Kraft. Sie mögen es, sich für ihre Mitmenschen einzusetzen und sie glauben an die Kraft der Gemeinschaft. Sie tragen auch ihren Teil dazu bei, Ungerechtigkeit zu bekämpfen. Sie haben ein großes Verantwortungsgefühl gegenüber der Menschheit als Ganzes und sind hilfsbereit und verständnisvoll. Sie vertreten die Menschen, die nicht für sich selbst sprechen können, und unterstützen diejenigen, die Unterstützung und Liebe benötigen.

Den Menschen mit der Namenszahl 9 fällt es schwer, ihren Zorn, ihre Eifersucht, Gier und ihren Eigensinn zu kontrollieren. Sie sind verschwenderisch, geld- und machthungrig und neigen dazu, sich wegen geringfügiger Ursachen zu ärgern. Es ist nicht ungewöhnlich, dass sie launisch reagieren, besonders auf äußere Einflüsse und Ungerechtigkeit. Deshalb werden sie oft als engstirnig wahrgenommen.

Während die meisten Menschen die Numerologie als ein Werkzeug verwenden, um gute Eigenschaften anzuziehen, dürfen wir nicht vergessen, dass die Zahlen viel mehr zu bieten haben als nur das. Jede Zahl hat sowohl positive als auch negative Eigenschaften und keine Zahl ist ausschließlich gut oder schlecht. Eine Zahl enthält Energie, die ihre eigene, klare Aufgabe besitzt. Beispielsweise enthält die Zahl 8 großes Potenzial, aber wenn sie falsch verwendet wird, kann sie auch manipulativ sein. Wir können uns über die Energie einer Zahl bewusst werden, um zu verstehen, wie wir unsere eigene Energie nutzen und wie wir die Energie der anderen besser verstehen können. Wenn wir in die Zahlen schauen, müssen wir nicht unbedingt nur nach den guten Dingen suchen. Wir können auch nach den Herausforderungen Ausschau halten, die uns dabei helfen, uns zu entwickeln und das Beste aus uns herauszuholen. Wir sind hier, um alle Facetten des Lebens zu erleben und es ist ein Teil unserer Aufgabe, die positiven und negativen Aspekte auf unserem Weg zu erkennen.

Persönlichkeitszahl

Wir alle werden mit unterschiedlichen Persönlichkeiten und Charaktereigenschaften geboren, aber die Art und Weise, wie wir uns nach außen hin verhalten, kann sich über die Jahre hinweg erheblich verändern. Eine Persönlichkeitszahl kann uns helfen, unser äußeres Verhalten besser zu verstehen, uns in anderen wiederzuerkennen und unsere Fähigkeiten besser zu nutzen. Jeder Mensch hat seine eigene, einzigartige Persönlichkeitszahl. Diese Zahl gibt uns Einblick in unseren Charakter, unsere Gedanken, unser Verhalten und unsere Reaktionen. Die verschiedenen Komponenten der Persönlichkeitszahl können uns helfen, uns selbst und andere Menschen besser zu verstehen.

Die Persönlichkeitszahl zeigt uns, wie wir nach außen wirken und wie andere uns sehen oder was sie von uns erwarten. Es gibt uns einen Hinweis darauf, wie wir uns präsentieren und wie wir auf andere wirken. Dies kann uns helfen, uns bewusst zu präsentieren und unsere Beziehungen zu verbessern. Darüber hinaus zeigt uns die Persönlichkeitszahl auch, wie unser Denken und unsere Reaktionen sind. Es kann uns helfen, unsere Handlungen und Reaktionen besser zu verstehen und zu verändern, wenn wir das möchten. Wir können lernen, uns auf unsere Stärken zu konzentrieren oder darauf, unsere Schwächen zu verbessern. Es ist jedoch wichtig zu beachten, dass die Persönlichkeitszahl nur ein Teil dessen ist, wer wir sind. Es gibt viele andere Faktoren, die unser Verhalten und unser Leben beeinflussen. Trotzdem kann es sehr hilfreich sein, mehr über unsere Persönlichkeitszahl zu erfahren und sie als Instrument zu nutzen, um uns selbst und unsere Beziehungen zu verbessern.

Berechnung der Persönlichkeitszahl

Bei der Persönlichkeitszahl addieren wir die Konsonanten unseres Vor- und Nachnamens zu einer Summe. Dies sind alle Buchstaben des Alphabets, mit Ausnahme der Vokale A, E, I O, U. Anschließend wird das Ergebnis so lange reduziert, bis wir eine einstellige oder eine Doppelzahl erhalten.

Hier wieder unser Beispiel:

M	I	R	I	A	M	M	U	E	L	L	E	R
4		9			4	4			3	3		9

Also: 4 + 9 + 4 + 4 +3 +3 + 9 = 36 = 3 + 6 = 9

Bedeutung der Persönlichkeitszahlen

Die Persönlichkeitszahl 1

Menschen mit der Persönlichkeitszahl 1 sind in ihrer Natur Einzelgänger und Pioniere. Sie haben die Fähigkeit, alles in den Griff zu bekommen und Aufgaben mühelos zu bewältigen. In einer Welt, in der die Anforderungen des Alltags immer größer werden und jeder nach Erfüllung strebt, repräsentieren Menschen mit der Persönlichkeitszahl 1 sich als unabhängige Anführer, die dazu fähig sind, allen Dingen ihren persönlichen Stempel aufzudrücken. Diese Menschen haben einen einzigartigen Blick auf die Welt. Sie haben die Fantasie und den Mut mehr zu verlangen als das, was gerade vor ihren Augen liegt. Sie sind gesundheitsbewusst und haben einen klaren und fokussierten Blick auf ihre Ziele. Sie sind mutig genug, um sich offen von der Masse abzuheben. Die Fähigkeit, Aufgaben mühelos zu bewältigen, erlaubt es ihnen, die größten Schwierigkeiten auf einen Schlag zu beseitigen. Sie sind kreativ, zielgerichtet und abenteuerlustig. Nichts unterbricht die Entfaltung ihrer Energie und ihre Leidenschaft für das Leben. Für sie ist es ein Anreiz, aus dem Gewöhnlichen etwas Außergewöhnliches zu machen. Sie sind klug und achten darauf, ihre Umgebung zu respektieren. Sie stellen sich ihren Ambitionen und schauen darüber hinaus. Menschen mit der Persönlichkeitszahl 1 sind immer bereit, Neues zu erlernen und zu lehren.

Die Persönlichkeitszahl 2

Menschen mit der Persönlichkeitszahl 2 sind eine besondere Gruppe. Obwohl sie sich oft allein fühlen und unzufrieden in ihrem eigenen Leben sind, sind sie aufgrund ihres Mitgefühls und ihrer verständnisvollen Art sehr beliebt. Sie sind bescheiden, geduldig, ruhig und verstehen die Gefühle anderer. Diese Menschen haben eine sanfte Seele und eine starke emotionale Intelligenz. Obwohl sie mit Mitgefühl auf andere zugehen, können sie auch introvertiert sein und sich schnell allein und unzufrieden fühlen. Sie tendieren dazu, das Wohl anderer vor das Eigene zu stellen. Sie machen sich immer Gedanken über ihre Mitmenschen und haben Angst vor negativem Feedback. Aufgrund dessen können sie manchmal überempfindlich wirken, wenn sie Kritik hören. Wenn diese Menschen ihr Leben optimal nutzen möchten, müssen sie jedoch mehr auf sich selbst achten und sich nicht zu sehr von außen beeinflussen lassen. Sie müssen akzeptieren, dass sie regelmäßig Veränderungen und Neuerungen haben müssen, um erfolgreich zu sein. Menschen mit der Persönlichkeitszahl 2 müssen mehr Selbstvertrauen haben und ihr Potenzial voll auszuschöpfen und optimaler zu leben.

Die Persönlichkeitszahl 3

Menschen mit der Persönlichkeitszahl 3 sind unglaubliche Mitmenschen. Ihre gute Laune und Offenheit machen sie zu wahren Optimisten, die im Leben nichts aus der Ruhe bringt. Sie lieben es, zu lachen und zu scherzen. Ihre Freundlichkeit und ihr Charme sind einzigartig. Gerade in schwierigen Zeiten wirken sie wie ein Fels in der Brandung und helfen anderen, das Beste aus ihren Situationen zu machen. Ihr Sinn für Humor und ihr Mut, das Leben auf ihre eigene Art und Weise zu leben, machen sie zu einem natürlichen Mittelpunkt, um den sich alle versammeln. Sie sind auch großartige Schauspieler und sehr geschickt darin, mit Worten zu spielen. Die Persönlichkeitszahl 3 ist sehr beredt und musikalisch begabt und liebt es, andere zu unterhalten. Da diese Menschen so charmant und offen sind, schließen sie leicht Freundschaften. Sie lieben es, im Zentrum der Aufmerksamkeit zu stehen, also werden sie gerne zu verschiedenen Anlässen eingeladen und bringen dort jede Menge Spaß und Unterhaltung mit. Sie wissen, wie man die Party in Schwung bringt und sind gerne gesehene Gäste, weil sie dem Leben ein bisschen Farbe und Aufregung verleihen.

Die Persönlichkeitszahl 4

Menschen mit der Persönlichkeitszahl 4 sind oft wohlhabend, diszipliniert und erfolgreich. Sie sind tiefgründig, bescheiden und verfolgen mit leidenschaftlicher Entschlossenheit alle Projekte, denen sie sich widmen. Diese Menschen sind nicht nur diszipliniert und erfolgreich, sondern auch unglaublich kreativ. Sie überraschen andere meistens mit einer Kombination von Fähigkeiten, die nicht miteinander vereinbar erscheinen. Sie sind nicht nur geschickte Geschäftsleute, sondern auch lässige Musiker oder Autoren, die stille Gedanken unmittelbar mit Leidenschaft in Aktionen umsetzen. Diese Lebendigkeit speist sich aus ihrer ständigen Suche nach innerem Wohlstand, den sie durch regelmäßige Reflexion und eine stille Nächstenliebe erlangen. Anstatt sich an den Erwartungen anderer zu orientieren, setzen sie sich eigene Grenzen und arbeiten hart an sich selbst, um ihre individuellen Ziele zu erreichen. Sie stellen sich Gefahren mutig entgegen und sind stets bereit, Veränderungen herbeizuführen. Ihnen ist vor allem die Ehrlichkeit und Loyalität gegenüber sich selbst und anderen sehr wichtig. Menschen mit der Persönlichkeitszahl 4 verfügen über große innere Energie, die sie beim Erreichen ihrer Träume unterstützt.

Die Persönlichkeitszahl 5

Menschen mit der Persönlichkeitszahl 5 sind sehr vielseitige, kreative Menschen. Sie sind in der Lage, viele verschiedene Themen zu erforschen und neugierig zu sein. Sie zeigen eine sanfte Seite und sind sehr freundlich zu den Menschen in ihrem Umfeld. Diese Menschen sind sehr gesellig und schätzen die Gesellschaft anderer. Sie haben eine sympathische Ausstrahlung und machen von Anfang an einen ausgezeichneten Eindruck. Sie bringen einen frischen Wind, interessante Ideen und eine neue Herangehensweise in jedes Gespräch mit ein. Dies macht sie zu idealen Partnern, besonders wenn es darum geht, einen Unterschied zu machen und andere aus verschiedenen Blickwinkeln zu betrachten. Sie haben auch eine sehr starke moralische Überzeugung und stehen zu dem, woran sie glauben. Weiterhin sind Menschen mit der Persönlichkeitszahl 5 sehr charmant und erhalten in Beziehungen hohe

Wertschätzung. Ihre Freiheitsliebe ist eine ihrer größten Stärken und sie sind bereit, sich neuen Herausforderungen zu stellen.

Die Persönlichkeitszahl 6

Menschen mit der Persönlichkeitszahl 6 strahlen eine mütterliche oder väterliche Energie aus, die sie von anderen unterscheidet. Wenn es nötig ist, bauen sie eine Mauer der Liebe und Zuwendung um sich und andere auf, um sie vor den Folgen äußerer Einflüsse zu schützen und ihnen Geborgenheit zu geben. Sie sind liebevoll, geduldig und beschützend und stehen als Fels in der Brandung. Menschen mit der Persönlichkeitszahl 6 zeichnen sich durch eine tiefe Zuneigung zu anderen Menschen und ein waches Einfühlungsvermögen aus. Sie können als allumfassende Schutzfiguren für jedermann fungieren. Ihre Fähigkeit, anderen zu helfen, ist ihr größter Zug. Sie helfen mit allen zur Verfügung stehenden Mitteln, auch wenn es ihnen selbst schwerfällt. Sie lieben es, Verantwortung für andere zu übernehmen und sich für andere einzusetzen. Diese Menschen sind häufig soziale Seelen, die soziale Ereignisse und Familienfeste mit Freuden zelebrieren. Ihnen wird nachgesagt, dass sie die Rolle des Vaters bzw. der Mutter im Leben der anderen übernehmen. Sie planen, organisieren und koordinieren und geben anderen eine starke emotionale Unterstützung. Sie haben die Gabe, andere zu einem besseren Verhalten zu ermutigen und schaffen es, selbst in den schwierigsten Situationen eine gewisse Stabilität zu vermitteln. Sie lassen sich leicht von sozialen Bewegungen, philosophischen Konzepten oder religiösen Ideen begeistern, von denen sie sich angezogen fühlen. Zudem steht ihnen in allen Lebenslagen eine konstante und zuverlässige Unterstützung zur Seite. Mitverständnis, Empathie und Empfindsamkeit verschaffen ihnen ein breit gefächertes Vertrauen bei anderen. Ihre Gutmütigkeit und Vergebung sind sehr mächtig. Auch wenn sie von einer Person immer wieder enttäuscht werden, sind sie immer noch bereit, ihr zu vergeben und ihr eine neue Chance zu geben.

Die Persönlichkeitszahl 7

Menschen mit der Persönlichkeitszahl 7 verstehen es, die Leben anderer zu bereichern und leisten einen unschätzbaren Beitrag zur Gesellschaft. Trotzdem haben diese Individuen ein einzigartiges Verständnis der Welt und suchen oftmals Einsamkeit und Stille. Sie sind Einzelgänger, die häufig für sich sind. Menschen mit der Persönlichkeitszahl 7 suchen das Unbekannte. Sie interessieren sich für spirituelles Wissen, das oft tief in Geschichten verborgen liegt. Sie sind gerne allein und nehmen sich Zeit, um wertvolle Gedanken und Lösungen zu finden. Diese Menschen schätzen die Einsamkeit, da sie sich so besser auf sich selbst konzentrieren und Gedanken ruhiger durchgehen und reflektieren können. Sie sind sehr mitfühlend und obwohl sie oft wenig über ihr Innerstes preisgeben möchten, sind sie hervorragende Zuhörer. Sie wissen, wie man Freude ins Leben anderer bringt. Obwohl sie gerne für sich sind, nehmen sie sich Zeit, um zu unterstützen, zu beraten oder zu helfen, wenn sie gebraucht werden. Sie sind sehr erfinderisch und schätzen neue Projekte und Ideen, die in die Tat umgesetzt werden können. In schwierigen Zeiten können ihre Eigenschaften und ihr Wille, die Welt mitzugestalten, eine echte Quelle der Inspiration sein.

Die Persönlichkeitszahl 8

Sie sind jeder Beschäftigung gewachsen und sehr an erfolgreichen Beziehungen interessiert: Menschen mit der Persönlichkeitszahl 8. Sie strahlen viel Kraft, Macht und Führungspotential aus, was sie auch zu perfekten Anführern macht. Man kann sagen, dass diese Gruppe von Menschen starke Führungsqualitäten und ein starkes Selbstbewusstsein hat. Sie machen sich ideal für Managerpositionen in der Geschäftswelt. Meist arbeiten sie konzentriert und strukturiert, machen ihre Sache gründlich und behalten stets einen klaren Kopf. Aufgrund ihres starken Blickes auf die Zukunft, entscheiden sie sich für langfristige Ziele. Sie gehen sorgfältig vor und agieren logisch, auch wenn manchmal etwas spontanes Verhalten vermisst wird. Menschen mit der Persönlichkeitszahl 8 versuchen aber auch, anderen eine angenehme Atmosphäre zu bieten. Sie legen viel Wert darauf, dass alle respektvoll miteinander umgehen und ihre Meinung vertreten können. Sie sind ein wundervoller Mentor, der darauf abzielt, alle in eine optimistische Richtung zu führen und schwierige Situationen souverän zu bewältigen.

Die Persönlichkeitszahl 9

Die Persönlichkeitszahl 9 ist ein sehr geschätztes und positives Merkmal. Diese Personen sind häufig Regentropfen des Glücks und Wohlwollens. Sie sind nicht nur exzellente Kommunikatoren, sondern auch vertrauenswürdige Seelenfreunde. Sie sind ruhig und gestalten anderen Menschen eine Atmosphäre erhöhter Zufriedenheit und ruhiger Gelassenheit. Wer die Persönlichkeitszahl 9 trägt, hat eine starke Vision für die Welt um sich herum. Im Unterschied zu anderen Menschen ist die 9 idealistisch und subtil. Sie fällen keine vorschnellen Urteile, sondern sind vorurteilsfrei. Sie helfen anderen Menschen und sind wohlwollend. So eine Person bevorzugt es, alle Seiten einer Sache zu betrachten. Diese Ehrlichkeit führt zu einer offensichtlichen Akzeptanz der Persönlichkeitszahl 9, entspannt jedoch nicht das Bedürfnis nach Engagement und Hilfe. Sie sind oft bereit, sich für eine gute Sache einzusetzen und Verantwortung zu übernehmen. Diese Menschen bevorzugen es, gemeinsam effiziente Lösungen zu finden und denken gewissenhaft über den besten Weg zum Erfolg nach.

Herzenszahl

Jeder von uns trägt eine einzigartige Zahl im Herzen, die uns in allem, was wir tun, begleitet. Die Herzenszahl, verrät uns unser tiefstes Inneres – unsere Gefühle, unseren Blick auf uns selbst, unser mögliches Potenzial und unsere berufliche Motivation. Diese Zahl ist im Grunde unser individueller Schlüssel zu uns selbst, ein Instrument, das uns beim Erkennen und Entfalten unserer wahren Natur unterstützt. Unsere Herzenszahl ist der Schlüssel zu unserer persönlichen und spirituellen Entfaltung. Auf der tiefsten spirituellen Ebene ist jede Zahl ein Symbol für unsere innere Wahrheit und unsere tiefsten Ängste, Verletzungen und Hoffnungen. Der Blick auf unsere eigene Herzenszahl kann uns helfen, uns selbst besser zu verstehen und unser authentisches Selbst wirklich zu leben. Es kann uns auch dabei helfen, unsere inneren Kämpfe zu verstehen und zu überwinden. Jede Zahl erzählt uns auch eine Geschichte, die sich hinter unseren Handlungen, unseren Gewohnheiten und dem, was uns in unserem Leben antreibt, verbirgt. Dies kann uns helfen, unsere Handlungen zu reflektieren und diejenigen Emotionen oder Verhaltensweisen aufzuspüren, die uns daran hindern, unser vollständiges Potenzial zu entfalten. Trotzdem ist es wichtig, dass wir uns bewusst machen, dass nur wir selbst die Person sind, die unseren Lebensweg bestimmt, und dass wir unsere Zahl nicht als Vorwand für unser Handeln benutzen. Stattdessen können wir sie uns ansehen, um uns bewusst zu machen, wie wir uns selbst und unsere Umgebung wahrnehmen und was für unser Leben am idealsten ist.

Berechnung der Herzenszahl

Sie können Ihre Herzenszahl ermitteln, indem Sie die Summe der Vokale aus Vor- und Nachnamen bilden. Im Deutschen haben wir die Vokale A, E, I, O, U. Die Zahlen der anderen Buchstaben unseres Namens werden hierbei weggelassen.

Hier ein Beispiel:

M	I	R	I	A	M	M	U	E	L	L	E	R
	9		9	1			3	5			5	

Also: 9 + 9 + 1 + 3 + 5 + 5 = 32 = 3 + 2 = 5

Die Herzenszahl für den Namen Miriam Müller ist die 5. Nun möchten wir uns einmal die Bedeutung der einzelnen Herzenszahlen ansehen.

Bedeutung der Herzenszahlen

Die Herzenszahl 1

Menschen mit der Herzenszahl 1 können mit ihrer Führungsstärke neue Erkenntnisse ins Spiel bringen und stechen sofort hervor. Diese Personen können mit originellen Lösungen nicht nur Probleme bewältigen, sondern auch neue Projekte planen und umsetzen. Sie sind nicht nur risikofreudig, sondern auch selbstsicher. Diese originellen Ideen und Projekte bringen neue Impulse in eine Situation und ermöglichen neue Handlungsmöglichkeiten.

Menschen mit der Herzenszahl 1 können Aufgaben souverän bewältigen, da sie ein grundlegendes Selbstbewusstsein besitzen. Sie wissen, wie sie sich selbst unterstützen und motivieren können, um ihre Ziele zu erreichen. Sie nehmen aktiv am Leben teil und sie bewältigen Schwierigkeiten auf kreative Weise. Sie können komplizierte Aufgaben effizient lösen und wirken für andere stets anregend. Diese Menschen sind geschickt darin, neue Systeme zu entwickeln und neue Strukturen zu entwerfen. Sie denken flexibel und bringen Lösungen im Team, auch in schwierigen Situationen. Sie können die verschiedenen Standpunkte betrachten und verschiedene Szenarien veranschaulichen. Sie wissen, wie sie andere Menschen einbinden und überzeugen können. Sie möchten auch Neues, unerwartetes ausprobieren. Zudem sind sie mutig und nehmen das Risiko in Kauf, wenn es darum geht, neue Dinge auszuprobieren. Sie wissen, dass sie sich auf sich selbst verlassen können und sie lassen sich durch Rückschläge nicht aufhalten.

Die Herzenszahl 2

Menschen mit der Herzenszahl 2 verfügen über besondere Eigenschaften und Fähigkeiten, die ihnen helfen, sorgfältig zu agieren und ein ausgeprägtes Gespür für menschliche Zusammenarbeit und diplomatisches Geschick zu entwickeln. Diese sensiblen Menschen verzichten auf überflüssige Risiken und haben ein ausgezeichnetes Gefühl für Gut und Böse. Daher vermeiden sie es, die Gefühle ihrer Mitmenschen zu verletzen und tun ihr Bestes, um anderen zu helfen. Sie besitzen ein ausgeprägtes Gespür für die Gefühle anderer und sie sind die besten Begleiter, wenn es darum geht, schwierige Situationen zu meistern. Sie sind aufmerksam und reagieren sanft auf die Bedürfnisse ihrer Mitmenschen. Sie haben die Fähigkeit, in konfliktreichen Situationen zu vermitteln und sie übernehmen Verantwortung für ihr Handeln und ihre Entscheidungen. Diese Menschen kombinieren emotionale Sensibilität, Einfühlungsvermögen und eine starke Verantwortungsbereitschaft, um kreative und pragmatische Lösungen zu finden. Sie sind auch hilfsbereit und zugänglich und sie gehen Probleme sofort an. Sie lesen leicht die Gefühle anderer und sind sehr einfühlsam. Zudem betonen sie stets die Bedeutung der Kommunikation und versuchen, jedem eine Stimme zu geben. Sie sind in der Lage, starke Beziehungen aufzubauen, indem sie auf herzliche Weise Kontakt mit anderen aufnehmen und aufrichtiges Interesse an ihrem Leben zeigen. Außerdem können sie zusammenarbeiten und die Rollen anderer gleichermaßen schätzen und respektieren. Da diese Menschen eher geneigt sind, Konflikte zu meiden, wirken Sie auch manchmal zurückhaltend und schüchtern.

Die Herzenszahl 3

Menschen mit der Herzenszahl 3 streben leidenschaftlich nach ihren Zielen und sie erreichen diese durch Inspiration, Fantasie und mit ihrem Charme. Sie bringen heilsame Ergebnisse hervor, die sie selbst glücklich und zufrieden machen. Sie sind liebenswürdig und möchten anderen Menschen helfen. Menschen mit der Herzenszahl 3 sind sehr ehrgeizig und dynamisch. Sie wissen, dass sie ein einzigartiges Talent haben und sie möchten das Beste aus sich herausholen. Ihre Energie und Willenskraft sind unerschöpflich und sie setzen sich selbst Grenzen, die sie dann schnell überschreiten können. Es macht ihnen nichts aus, dass sie anspruchsvolle Ziele erfüllen, denn sie wissen, dass sie jedes Mal etwas Neues lernen werden. Diese Menschen können überwiegend positiv sein. Sie sind kreativ und wissen, wie man neue Ideen umsetzt. Sie sind gut darin, anderen Menschen bei der Erreichung von Zielen zu helfen und sie sind sehr optimistisch. Ihren Mut beweisen sie oft, wenn sie sich zu neuen Projekten aufmachen.

Die Herzenszahl 4

Menschen mit der Herzenszahl 4 sind aufgrund ihrer direkten und ehrlichen Art eine sehr angenehme Gesellschaft. Wenn wir von Menschen mit dieser Herzenszahl sprechen, dann denken wir an praktisch denkende Personen. Sie sind direkt und ehrlich, zuverlässig, treu und loyal. Sie schaffen es, ihren Mitmenschen durch ihre Lebendigkeit und Intuition Orientierung und Sicherheit zu bieten. Diese Menschen sind intelligent, organisiert und diszipliniert. Sie arbeiten hart, um materielle Sicherheit und Wohlstand zu erreichen – ein weiterer Grund, warum sie in vielen Kontexten sehr gewinnbringend sind. Sie suchen nach Beständigkeit und einem Sinn für Verantwortung, was ihnen auch ermöglicht, treue und loyale Freundschaften aufzubauen und zu pflegen. Diese Menschen sind sehr sensibel und fühlen oft tiefe Emotionen. Auch wenn es ihnen manchmal schwerfällt, diese Gefühle auszudrücken, so sind sie doch sehr aufrichtig und liebevoll. Ihre Mitmenschen können sich also auf sie verlassen, denn sie werden immer für sie da sein.

Die Herzenszahl 5

Mit ihrem unbändigen Verlangen nach Abenteuer und Impulsivität haben diese Menschen eine ganz besondere Fähigkeit – sie sind dazu bestimmt, Neues zu erforschen und zu entdecken. Menschen mit der Herzenszahl 5 wissen, wie wichtig es ist, immer wieder Neues zu lernen. In ihrem Sein streben sie nach Wachstum und Vertiefung. Sie gehen akademische Wege, um sich in einem bestimmten Bereich weiterzubilden und wissen auch, wie wichtig es ist, neue Ideen und Ansätze zu nutzen, um ihre inneren und äußeren Welten zu erweitern. Sie lieben es auch, neue Orte zu bereisen und neue Menschen kennenzulernen. Es gibt ihnen eine Freude, Neues zu erleben und zu lernen und sie nehmen gerne neue

Erfahrungen und Einblicke in unbekannte Gebiete und Kulturen auf. Menschen der Herzenszahl 5 sind sehr vielseitig und sie verlassen sich darauf, dass sie offene und klare Wege durch neue Konzepte finden, ohne sich zu überfordern. Sie bevorzugen meistens unkonventionelle Wege, wie spielerisches, innovativeres Lernen, um ihre Wissensbasis weiter auszubauen und zu erweitern. Neue Technologien, Philosophien und andere Dinge können sie rasch erfassen und verstehen.

Die Herzenszahl 6

Sie sind das lebende Bild, was Liebe und Mitgefühl ausmacht. Menschen mit der Herzenszahl 6 mögen es, anderen zu helfen und das Wohlergehen ihrer Mitmenschen zu bewahren. Frieden und Harmonie in ihrer Umgebung wird immer höchste Priorität haben. Es ist ihr persönlicher Beruf anderen zu helfen und sie sorgen dafür, dass alles in Ordnung ist – vorwiegend in Bezug auf die Liebe und die Familie. Die Ideale in diesem Lebensstil zeigen sich in jeder Entscheidung, die sie treffen und in jedem Kommentar, den sie geben. Menschen, die unter dem Einfluss von Herzenszahl 6 stehen, sind ruhige, einfühlsame und vorausschauende Personen. Da diese Menschen ein feines Gespür für andere und ihre Bedürfnisse haben, können sie in schwierigen Situationen beruhigend sein und Kompromisse suchen. Sie setzen sich vorrangig für den Schutz der Familie ein. Bedürfnisse ihres Ehepartners und ihrer Kinder werden immer an erster Stelle stehen. Für Menschen mit der Herzenszahl 6 ist es äußerst wichtig, ein harmonisches und stabiles Zuhause zu haben, denn sie sehen das als den Mittelpunkt ihres Lebens.

Die Herzenszahl 7

Menschen mit der Herzenszahl 7 sind intelligent, sensibel und können oft eine übersinnliche Veranlagung erlangen. Sie haben ein tiefes Gespür für die Wahrheit, Weisheit und Gelassenheit des Lebens. Menschen mit der Herzenszahl 7 unterscheiden sich deutlich von der breiten Masse, die mehr nach außen gerichtet und materiell orientiert ist. Diese Menschen verfolgen mehr innere Werte. Sie wollen wahre Sinnhaftigkeit und Tiefe im Leben erfahren. Sie schätzen die Kunst des Nachdenkens und lieben es, auf einer tieferen Ebene wahrnehmen zu können. Sie sind sensibel in Bezug auf Energien und können über alles, was sie tun, nachdenken und bedenken. Ihr Leben besteht darin, in die Tiefe der Wahrheiten des Universums einzutauchen. Sie gehen sorgfältig auf die inneren Energien zu, die sie fühlen und können oft Dinge, Katastrophen und Ereignisse erahnen. Sie betrachten die Welt aus einer anderen Perspektive, die man nicht nur mit dem Verstand, sondern auch mit dem Herzen sehen kann. Menschen mit der Herzenszahl 7 sind für gewöhnlich zurückhaltend und fühlen sich nicht besonders wohl in Gruppen. Sie haben eine starke Intuition und ein Gefühl für das, was andere Menschen denken und fühlen. Sie lieben es, philosophisch und intellektuell wachen Geistes zu sein und das Wohlbefinden des Einzelnen zu fördern.

Die Herzenszahl 8

Menschen mit der Herzenszahl 8 sind geboren, um Erfolg zu erzielen. Sie sind ehrgeizig und streben nach Macht. Diese Menschen sind ambitioniert und zielgerichtet. Sie pflegen nie falsche Hoffnungen, sondern konzentrieren sich auf das, was sie erreichen können. Sie wissen, dass es schwierig ist, Erfolg und Macht zu erringen, aber sie lassen sich nicht davon abhalten. Sie können unermüdlich arbeiten, um ihr Ziel in die Tat umzusetzen und sie sind sehr authentisch. Diese Eigenschaft kann ihnen helfen, eine Karriere aufzubauen, die andere für unmöglich halten würden. In Beziehungen schätzen diese Menschen die Loyalität und Integrität, die ihnen gegeben wird. Während sie manchmal eifersüchtig sein können, sind sie darauf bedacht, über ihre Gefühle zu kommunizieren und zu klären, was beide Parteien anstreben.

Die Herzenszahl 9

Menschen mit der Herzenszahl 9 besitzen ein außergewöhnliches Verständnis und einen unerschütterlichen Optimismus, der sie zu besonderen Mentoren macht. Diese Menschen sind aufrichtige und mitfühlende Seelen. Sie sind in ihren Handlungen sehr sensibel und verfügen über ein starkes Gefühl der Intuition und Inspiration. Mit der Fähigkeit, Probleme zielorientiert zu analysieren, können sie nicht nur sich selbst, sondern auch andere vor Unannehmlichkeiten bewahren. Sie sind das Licht in einer manchmal trüben Welt. Sie sind herausragende Vermittler und Mentoren, die anderen dabei helfen, Dinge in anderen Perspektiven zu betrachten. Diese Menschen sind durch ihren gesteigerten Sinn für Schönheit und Kunst außergewöhnlich kreativ. Sie geben anderen Mut, um Ideen selbstständig, unkonventionell und aufregend zu verfolgen. Mit einem einzigartigen Talent und Willen, neue Möglichkeiten zu erkunden, können sie ihr Potenzial voll ausschöpfen. Menschen, die zur Herzenszahl 9 gehören, sind vorwiegend Menschen, die gerne abgeben. Sie gehen niemals allein zu einem bestimmten Ziel, sondern öffnen sich anderen und helfen auch ihnen, ihre Ziele und Träume zu verfolgen.

Bedeutung des ersten Vokals des Vornamens

Bei der Namensanalyse kann zudem der erste Vokal des Vornamens hinzugezogen werden. Die einzelnen Vokale haben eine besondere Bedeutung und können im Hinblick auf die Gesamtdeutung aus Namenszahl, Herzenszahl usw. hinzugezogen werden. Dadurch ist es möglich, das Gesamtbild zu verfeinern und festzustellen, inwieweit die bisherige Deutung bestätigt wird oder ob Unstimmigkeiten vorliegen und man noch mal rechnen sollte. Dabei gilt: Je öfter der erste Vokal im weiteren Verlauf des Namens vorkommt, desto stärker wirken sich dessen Eigenschaften aus. Bei unserem Beispielnamen „Miriam Müller" ist der erste Vokal ein „i". Dieser taucht kurz darauf ein weiteres Mal auf, wodurch sich die Wirkung verstärkt. Schauen wir uns an, wie die Bedeutung der einzelnen Vokale aussieht.

Der Vokal A

Wenn der erste Vokal ein A ist, können Sie sich auf ein erfolgreiches, zielstrebiges, kluges und ehrgeiziges Leben freuen, wohin Sie auch gehen. Mit einem A sind Sie jemand, der sich viele Ziele setzt und alles tut, um sie zu erreichen. Sie haben die Fähigkeit, Ihre gegenwärtige Situation zu durchschauen und das Beste daraus zu machen. Ihr Denken und Handeln ist von einer gewissen Klarheit geprägt, die Sie in die Lage versetzt, kluge Entscheidungen zu treffen. Trotz Ihres Ehrgeizes, Ihrer Energie und Ihres Optimismus bewahren Sie ein Gefühl der Kontrolle. Sie nehmen die Dinge nie auf die leichte Schulter, aber Sie sehen die Herausforderungen des Lebens als etwas, das es zu meistern gilt. Sie akzeptieren, dass nicht immer alles nach Plan läuft, aber Sie suchen auch nach einer Lösung. Sie sind loyal, zuverlässig und tatkräftig. Egal, ob Sie ein Projekt in Angriff nehmen oder ein Problem lösen, Sie geben Ihr Bestes. Selbst wenn die Dinge schwierig werden, geben Sie nicht auf. Es liegt Ihnen am Herzen, nicht nur Ihr eigenes Wohlergehen im Auge zu behalten, sondern auch das der Menschen um Sie herum.

Der Vokal E

Wenn der erste Vokal ein E ist, dann steht das in der Regel für Energie, Eloquenz und Extrovertiertheit. Es bedeutet, dass man über eine selbstbewusste und vielseitig begabte Persönlichkeit verfügt, die qualifiziert und kreativ ist. Eine weitere Eigenschaft, die mit dem Buchstaben E assoziiert wird, ist Intelligenz. Menschen, die den Buchstaben E als ersten Buchstaben ihres Vornamens haben, sind meist kluge Personen und haben eine reife Sicht auf die Dinge. Das bedeutet, dass sie in der Lage sind, komplexe Probleme zu lösen, selbst wenn sie noch so undurchschaubar sind. Außerdem ist es für Menschen mit einem E als Eingangsbuchstaben auch ein Segen, einen starken Einfluss auf andere Menschen ausüben zu können. Sie sind in der Lage, mit Leichtigkeit Menschen von ihrem Standpunkt zu überzeugen und ihr Selbstwertgefühl zu stärken.

Der Vokal I

Wenn der erste Vokal Ihres Vornamens ein I ist, dann bedeutet dies, dass Sie sehr kontaktfreudig, intuitiv und flexibel sind. Menschen, deren erster Vokal ein I ist, haben es geschafft, sich selbst und ihren Mitmenschen mit einer tiefen Intuition zu begegnen. Sie sind sehr reaktionsschnell und besitzen ein starkes Gefühl für Intuition und Sensibilität. Sie sind offen gegenüber Veränderungen und Abenteuern. Sie sind aufgeschlossen und positiv eingestellt, egal, was das Leben bringen mag. Sie sind aber auch emotionale, soziale Wesen, die gerne mit anderen Menschen interagieren. Sie sind wahre Künstler, die gerne Neues ausprobieren und die ihre Talente auf verschiedene Weise ausdrücken. Sie brauchen viel Freiraum und sind nicht besonders ordentlich. Sie lieben es, in der Natur zu sein und Ruhe zu finden und sie sind offen für neue Ideen und können aus ihnen viel lernen. Diese Menschen genießen es, neue Orte zu entdecken und Abenteuer zu erleben und sie sind wahre Visionäre und besitzen die Fähigkeit, außergewöhnliche Ideen zu entwickeln.

Der Vokal O

Das O im Namen steht für harmoniebedürftige, sinnliche, begeisterungsfähige und leidenschaftliche Menschen. Wenn eine Person das O als ersten Vokal trägt, symbolisiert das nicht nur eine starke persönliche Verbindung zur Harmonie, sondern auch einen Wunsch nach Struktur und Führung. Diese Menschen tragen automatisch eine Verantwortung zur Erhaltung der Harmonie und sorgen für die Einhaltung von Normen und Moral. Darüber hinaus ist ein O im Namen ein Zeichen für stabilen Wohnkomfort und eine hohe soziale Stellung ist. Diese Menschen haben eine Neigung dazu, sich emotional an ihr Heim und an ihren Sozialstatus zu binden. Sie haben eine starke Anziehungskraft auf Familie und Freunde und die Erhaltung eines glücklichen und einheitlichen Zuhauses. Außerdem schätzen sie materiellen Komfort und legen viel Wert auf ein luxuriöses Zuhause.

Der Vokal U

Das U steht für Intuition, Initiative, Talent, Charme und Entschlussfähigkeit. Menschen mit U-Vornamen sind in der Lage, es weit zu bringen und schnelle Erfolge im Leben zu erzielen. Verantwortung zu übernehmen fällt ihnen leicht und Liebe und Fürsorge sind die Grundlagen ihres Selbstverständnisses. Dabei vermitteln sie ein Gefühl von positiven Emotionen und verbreiten Optimismus und Fröhlichkeit. Schwierige Alltagssituationen, vor allem mit anderen Menschen, werden souverän gemeistert und erlauben diesen Menschen, ihre Führungspersönlichkeit zu präsentieren.

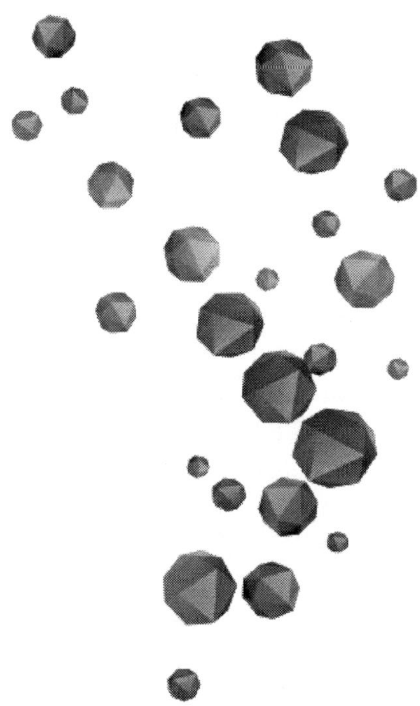

Schicksalszahl

Viele Menschen befinden sich auf der Suche nach ihrem inneren Frieden und Glück. Die Schicksalszahl ist ein weiterer Weg, den Sie gehen können, um sich der Tiefe ihrer persönlichen spirituellen Entwicklung bewusst zu werden. Ihre Schicksalszahl enthält das Erbe, welches Sie aus Ihrem vorherigen Leben mitgenommen haben. Dieses Erbe wird auch gerne als Karma bezeichnet. Jeder von uns hat die Aufgabe, sein Erbe zu entdecken und zu leben. Dazu ist es wichtig, den zugrundeliegenden Mechanismus zu verstehen, der uns durch unsere Inkarnation führt. Die Erfahrungen und das Wissen, welches wir uns in früheren Leben angeeignet haben, sind wichtige Informationen für unsere derzeitige Existenz. Unsere Seelen speichern all diese Erfahrungen und Erinnerungen in unserem Gedächtnis. Wir können uns unseres Karmas bewusst werden, wenn wir unsere Schicksalszahl berechnen. Diese Zahl kann als Schlüssel zu unserer Seele betrachtet werden, denn sie zerlegt uns in unsere grundlegenden Züge und Fähigkeiten. Sie kann uns helfen, unseren Fokus und die tiefen Wurzeln unseres Herzens zu erforschen. Wenn Sie Ihre Schicksalszahl kennen, können Sie anfangen, neue Wege für Ihr Leben zu finden. Sie werden wissen, welche Talente Sie entwickeln und welche Aufgaben Sie erfüllen müssen, um Ihr volles Potenzial zu erreichen. Sie werden auch wissen, wie Sie Ihr volles kosmisches Erbe erforschen und entwickeln können.

Jedes Jahr entscheidet die Natur, dass mehrere Menschen gleichzeitig das Licht der Welt erblicken werden. Menschen mit demselben Geburtsdatum haben viel gemeinsam, aber sie sind nicht miteinander identisch. Sie besitzen dieselbe Schicksalszahl, doch für jeden von ihnen wirkt sich diese Zahl unterschiedlich aus. Obwohl sie das gleiche Geburtsdatum und die gleiche Schicksalszahl haben, so bekommen beide unterschiedliche Gene ihrer Eltern mit auf dem Weg und machen unterschiedliche Erfahrungen im Leben. Diese Erfahrungen führen dann zu unterschiedlichen Glaubenssätzen dieser Menschen. Sie sehen die Welt also nicht durch denselben Blickwinkel. Dieses irdische Erbe, welches wir durch unsere Eltern, Kultur usw. übernehmen, muss bei der Interpretation der Zahl immer berücksichtigt werden, insbesondere, wenn man einen Vergleich zwischen verschiedenen Menschen anstellen möchte, von denen jeder in seiner Existenz ein einzigartiges Individuum ist.

Berechnung der Schicksalszahl

Die Schicksalszahl wird mithilfe des Geburtsdatums errechnet. Da unser Geburtsdatum, anders als unser Name, nicht verändert und korrigiert werden kann, bleibt sie uns immer erhalten. Für unsere Berechnung wollen wir folgendes Beispiel nehmen:

Geburtsdatum: 14.07.1989

Das Geburtsjahr wird immer voll ausgeschrieben. Die Zahlen werden nun wie gehabt miteinander addiert und anschließend auf eine Grund- oder Doppelzahl heruntergerechnet:

1 + 4 + 0 + 7 + 1 + 9 + 8 + 9 = 39 = 3 + 9 = 12 = 1 + 2 = 3

Bei diesem Geburtsdatum kommt die Schicksalszahl 3 heraus.

Bedeutung der Schicksalszahlen

Die Schicksalszahl 1

Stärken und Potenzial

Menschen mit der Schicksalszahl 1 sind für ihre Fähigkeit bekannt, das Wesentliche vom Unwesentlichen zu unterscheiden und sich dann förderlich und ergänzend einzusetzen. Sie sind auch sehr ehrlich und fair. Sie leben ihr Leben voller Überzeugungen und Beständigkeit und ihre innere Stärke ist ein hervorstechender Zug. Individualisten mit der Schicksalszahl 1 stehen für Unabhängigkeit. Sie können sich gut durchsetzen und sind ziemlich entschlossen. Ihre Schöpferkraft und Lebendigkeit beeindrucken viele Menschen in ihrem Umfeld. Sie wissen, wie man eine gute Balance zwischen Freiheit und Verantwortung erzielt. Menschen mit einer Schicksalszahl 1 können sich auf höchster Ebene engagieren und haben eine starke Energiequelle. Sie sind voller neuer Ideen und neigen dazu, ihr eigenes Ding zu machen. Sie sind immer bereit, auf unterschiedliche Themen und Anliegen einzugehen. Normalerweise lieben sie es, das Kommando zu übernehmen und können es auch kontrollieren. Diese Menschen sind immer auf der Suche nach einer wahren Herausforderung und möchten immer das Beste aus sich herausholen. Sie können ein langes Engagement aufrechterhalten und sind sich nie zu schade, etwas auszuprobieren, weil sie nicht nur nach ihrem Herzen, sondern auch nach ihrem Verstand handeln.

Menschen mit der Schicksalszahl 1 sind dafür bekannt, dass sie ihr Ziel durch Erfahrung erreichen. Sie neigen dazu, herausfordernde Situationen anzunehmen, um sich und ihrem Ziel näherzukommen. Pioniere durch und durch, sind bereit, sich auf neue Gebiete und Erfahrungen einzulassen. Das ist es, was ihre Motivation zur Erreichung ihrer Ziele wesentlich beeinflusst. Neugier ist die ausschlaggebende Kraft der Schicksalszahl 1. Egal, ob es um neue Technologien oder kreative Ideen geht, sie sind immer bereit, etwas Neues auszuprobieren. Selbst in schwierigen Zeiten schafft es die 1, den Kopf hochzuhalten und positiv zu bleiben. Mit ihrem Mut und dem Glauben an sich selbst ist die 1 auch unermüdlich in der Umsetzung ihrer Ideen. Sie lassen sich nicht durch Hindernisse von ihren Überzeugungen abbringen und sind bereit, viele Risiken einzugehen, um sich selbst und anderen zu beweisen, dass nichts unmöglich ist. Und obwohl viele Probleme auf sie warten, werden Sie immer einen Weg finden, um sie zu überwinden.

Schwächen

Menschen, deren Schicksalszahl 1 ist, werden immer wieder mit verschiedenen Herausforderungen konfrontiert. Sie lernen, sich stetig zu verändern, um gesund und glücklich zu bleiben. Ihr Charakter ist komplex und eigensinnig, was manchmal sowohl für sie als auch für diejenigen in ihrer Umgebung eine Herausforderung darstellen kann. Diese Menschen neigen dazu, auf eigene Faust Entscheidungen zu treffen und dazu, Kritik schwer anzunehmen. Sie lassen sich nur selten von anderen beraten und bevorzugen es, die Kontrolle zu behalten. Weil sie nicht gerne ihre Probleme mit anderen teilen, kann es sein, dass sie in einer Scheinwelt leben, in der sie versuchen, die Welt nach ihren eigenen Vorstellungen zu gestalten. Sie haben Schwierigkeiten, sowohl ihre eigenen als auch die Unvollkommenheiten anderer zu akzeptieren.

Berufung

Mit der Schicksalszahl 1 haben Sie die Kraft und die Fähigkeiten, andere zu motivieren und zu inspirieren. Ob Sie nun ein Unternehmen leiten oder in der Politik arbeiten, Ihre Ideen und Ihr Engagement haben immer eine große Wirkung. Auch als Wissenschaftler oder Pädagoge leisten Sie einen wichtigen Beitrag zum Wandel. Außerdem können Sie dank Ihrer Kreativität immer wieder neue Wege beschreiten und so Lösungen finden, die andere noch nicht sehen konnten. Ihre Berufung ist es also, andere zu führen und ihnen den Weg zu zeigen – sei es beruflich oder privat. Nutzen Sie Ihre Kräfte und Ihre Gabe, um anderen zu helfen und gemeinsam mit ihnen etwas Großes zu schaffen.

Die Schicksalszahl 2

Stärken und Potenzial

Menschen, die die Schicksalszahl 2 haben, sind kreativ und einfühlsam. Ihre Energie ist sehr sensitiv, aber gleichzeitig sehr anpassungsfähig. Sie sind offen und wissen, wie man den anderen zuhört. Sie sind sehr empfänglich für Gefühle und haben das Talent, sich an verschiedene Umstände anzupassen. In vielen Fällen können Menschen mit der Schicksalszahl 2 gut verstehen, was anderen durch den Kopf geht. Sie sind in der Lage, anderen beim Erreichen ihrer Ziele zu helfen, indem sie auf konstruktive Ideen zurückgreifen. Emotionale Intelligenz ist eine der starken Eigenschaften von Leuten mit der Schicksalszahl 2. Sie können besonders gut weitergeben, was sie erfahren und was sie selbst gelernt haben. Geben und Nehmen treiben sie an und es fällt ihnen leicht, Ideen und Informationen einzusammeln und daraus neue konstruktive Lösungen zu entwickeln. Diese Menschen leben in einer Welt der Fülle und der Vielfalt. Ihre Fähigkeit, auf verschiedene Umstände zu reagieren und sie konstruktiv zu gestalten, ermöglicht es ihnen, Ideen zu entwickeln und zu schöpfen. Ihre Fähigkeit, neue Wege zu erkunden und anpassungsfähig zu sein, macht sie für andere hilfreich und inspirierend. Sie haben einen einzigartigen Charakter, der aus Geben und Nehmen, Anpassungsfähigkeit, Kreativität und Leidenschaft besteht. Ihre Energie ist sehr wertvoll, da sie anderen helfen, ihre Tore in eine bessere Welt zu öffnen und bestehende Probleme zu lösen.

Schwächen

Menschen mit einer 2 als Schicksalszahl sind oft sehr sensibel und empfindsam. Sie nehmen viel mehr wahr als andere und benötigen deshalb mehr Zeit, um zu entscheiden, was zu tun ist. Wegen ihrer sanften Ader sind sie auch besonders anfällig für Kritik und zögern oft, ihre Ängste und Gefühle zu zeigen. Wenn diese Menschen extrem unter Stress stehen oder Angst haben, können sie sehr impulsiv reagieren. Das größte Problem für sie ist, dass sie lieber dem Weg des geringsten Widerstands folgen, als sich wirklich mit einer Sache auseinanderzusetzen. Sie neigen dazu, die Dinge aufzuschieben, Probleme nicht herauszufordern und Konflikte zu meiden. Dies verhindert jedoch oft, dass sie ihre Ziele erreichen oder sich weiterentwickeln.

Berufung

Mediziner, Pfleger, Laboranten oder Bibliothekare sind eine gute Wahl für die Schicksalszahl 2, da diese Menschen Geduld und Verständnis für andere zeigen müssen und normalerweise ein herzliches und fürsorgliches Wesen haben. Sie haben ein tiefes Verständnis für die Hilfsbedürftigen und sind meistens sehr systematisch in ihrer Arbeit. Sie können Dokumente ordnen, Dienstpläne erstellen und viele andere administrative Aufgaben erledigen. Dies ist perfekt für die Detailorientierung und Geduld, die eine Schicksalszahl 2 mit sich bringt. Für diejenigen, die einen Job suchen, der Natur und Kunst verbindet, bieten sich Berufe wie Gärtner, Florist oder Musiker an. Sie können nicht nur Verantwortung übernehmen, sondern auch kreativ und schöpferisch sein. Diese Berufe sind ideal, da sie ein ausgeprägtes Gefühl für Kunst und Schönheit haben. Für diejenigen, die einen Job suchen, der etwas anderes als Medizin oder Kunst ist, kann der Beruf des Kosmetikers eine tolle Wahl sein. Kosmetiker müssen das Aussehen und die Hautberatung ihrer Kunden berücksichtigen und visualisieren. Sie müssen sicherstellen, dass sie den Beruf finden, der ihnen am meisten entspricht und am ehesten zu ihnen passt. Sie können dann ihre Fähigkeiten und Eigenschaften einsetzen, um die meiste Arbeit und die besten Ergebnisse zu erzielen. Wenn Sie die richtige Arbeit gefunden haben, ist Ihnen ein erfülltes und zufriedenes Leben sicher.

Die Schicksalszahl 3

Stärken und Potenzial

Wer die Schicksalszahl 3 trägt besitzt Optimismus, Begeisterungsfähigkeit und Feinfühligkeit. Menschen mit der Schicksalszahl 3 sind unnachahmliche Geister, ihre Zuversicht ist oft unbändig. Sie sehen immer eine Lösung für jedes Problem und verfallen dabei niemals in leere Hoffnung. Sie sorgen für Motivation und Inspiration in einer Welt, in der sie vor allem das Positive im Andersdenkenden sehen. Diese Menschen verstehen es, jede Art von Widerständen zu meistern, sie können sich einfühlen, sind sehr aufrichtig und vor allem humorvoll. Sie sind sehr intuitiv und möchten hinter die Dinge schauen. Sie kennen die Motivationen, die Menschen dazu bewegt, bestimmte Maßnahmen zu ergreifen und handeln auch oft aus einem Impuls heraus. Darüber hinaus sind Menschen mit der Schicksalszahl 3 großartige Freunde. Sie sind sehr offen, neugierig und sozial. Sie suchen nach Gemeinschaft und bringen gern ihren Optimismus und ihre Freude in Gruppen ein. Sie lieben es, in der Gesellschaft zu sein und sie sind überall herzlich willkommen.

Schwächen

Die Schicksalszahl 3 ist immer auf der Suche nach Erfolg. Sie streben Perfektion an und wollen keine Kritik, denn nur der Sieg bringt die geforderte Befriedigung. Auf ihrem Weg zum Erfolg begegnen sie einer Menge interessanter Menschen. Aber sie konzentrieren sich mehr auf das Erscheinungsbild der Erfolgreichen als auf die Tiefen einer echten Freundschaft. Durch das Streben nach Erfolg kreiert die Schicksalszahl 3 ein positives, aber oberflächliches Bild.

Berufung

Schauspieler oder Schauspielerinnen sind diejenigen, die ihr Talent auf die Bühne und vor die Kamera bringen. Die 3 als Schicksalszahl verkörpert Kreativität, spielerische Energie und einen Hang zur Dramatik. Wenn Sie sich dafür entscheiden, Schauspieler oder Schauspielerin zu werden, sind Ihrem kreativen Ehrgeiz keine Grenzen gesetzt und Sie können Ihrem großen Talent volle Freiheit geben. Tänzer und Tänzerinnen lassen mit ihren Körpern und ihrer Seele Geschichten erzählen und können gleichzeitig mit Musik verbunden sein. Eine Person mit der Schicksalszahl 3 besitzt neben Kreativität auch eine gute Körpermotorik und kann sehr geschickt sein. Die 3 kann vielseitig im Tanz eingesetzt werden, sodass man sowohl klassische als auch moderne Tanzelemente in seinem einzigartigen Stil miteinander vereinen kann. Schriftsteller oder Schriftstellerinnen können in die fantastische Welt des Schreibens eintauchen und sich mit ihren Geschichten und Gedanken verewigen. Mit einer Schicksalszahl 3 möchten Sie die Welt mit ihren Worten mitteilen und die Menschen unterhalten. Fiktion schreiben kann eine wunderbare Art sein, Ihrer Kreativität Ausdruck zu verleihen und gleichzeitig etwas mit der Welt zu teilen. Künstler oder Künstlerinnen zeichnen sich durch ihre einzigartige Kreativität aus, sie können ihren Fantasien freien Lauf lassen und atemberaubende Werke schaffen. Musiker oder Musikerinnen haben die Fähigkeit, Emotionen und Gedanken auf einzigartige Weise wiederzugeben. Ihre Kreativität wird durch die Schicksalszahl 3 potenziert, sodass Sie Ihr Publikum mithilfe Ihrer beeindruckenden musikalischen Fähigkeiten begeistern können.

Die Schicksalszahl 4

Stärken und Potenzial

Es gibt einige Menschen, die vielleicht als „solider Bürger“, als vorbildliche Menschen bezeichnet werden können. Menschen, die, obwohl sie härtesten Gegenwind bei der Bewerkstelligung ihrer Ziele haben, dennoch ihr Bestes geben, um ehrlich und konservativ ihr Geld zu verdienen. All dies sind Eigenschaften der Schicksalszahl 4. Diese Menschen sind nicht nur solide, sondern auch treu, geduldig, hilfsbereit, pünktlich und zuverlässig. Dies sind die Menschen, die fest mit beiden Füßen auf dem Boden stehen und die den exakten Wert von Geld kennen und sich daher nicht verschwenderisch verhalten. Menschen mit der Schicksalszahl 4 sind in der Regel Arbeitstiere, die sehr fokussiert sind und bereitstehen, auch schwierige Aufgaben zu bewältigen. Ein weiteres Merkmal ist, dass sie stets bestrebt sind, etwas aus ihrer Zeit zu machen. Sie legen großen Wert darauf, dass jeder Moment ihres Lebens gut genutzt wird und sie sich ehrlich bemühen, alles aus jeder Erfahrung und aus jeder Begegnung herauszuholen. Sie sind sehr vernünftig und legen viel Wert darauf, nur dann etwas zu machen, wenn sie sich sicher sein können, dass es auch von Nutzen ist. Auch in finanziellen Angelegenheiten sind Menschen mit dieser Schicksalszahl verantwortungsbewusst.

Schwächen

Menschen mit der Schicksalszahl 4 haben oft ein dramatisches und rückblickendes Leben. Sie sind in der Regel sehr traditionsbewusst und vertrauen Dingen, die sie schon einmal getan haben. Auch wenn sie auf der äußeren Ebene sicher wirken, so haben sie im Innern Zweifel und Zögern. Diese Menschen glauben, dass sie ein schwieriges Schicksal haben. Sie sehen immerzu die Kämpfe anderer Leute, aber nicht ihre eigenen Erfolge. Sie vergleichen sich selbst ständig mit anderen und versuchen, ein perfektes Leben zu führen. Sie binden sich sehr an Gewohntes und an Vergangenes, da es ihnen Sicherheit verschafft. Im Inneren haben sie wahrscheinlich eine Angst: die Angst, ihr Potenzial nicht zu erreichen und all das zu versäumen, was sie verdienen. Dieser Drang macht sie einerseits zögerlich, zieht sie auf der anderen Seite aber auch an.

Berufung

Eine einzigartige Gabe, die jede Schicksalszahl 4 in sich trägt, ist ihre logische und analytische Kompetenz. Sie haben ein glasklares Verständnis dafür, was ihre Aufgaben sind und verfügen über ein großes Maß an Präzision. Diese Fähigkeiten machen sie zu idealen Kandidaten für eine Vielzahl von Berufen. Die Schicksalszahl 4 ist eine sehr stark auf Logik und analytisches Denken ausgerichtete Persönlichkeit. Sie sind gut in der Lage, Konzepte zu verstehen und zu erforschen und haben ein ausgezeichnetes Gespür für selbstorganisierte Aufgaben und die Umsetzung von Ideen. Diese Talente machen sie zu idealen Kandidaten für eine Reihe von Berufen, darunter Masseur, Chirurg, Koch, Landwirt, Mechaniker, technischer Zeichner, Buchhalter, Controller, Beamter, Sekretär, Angestellter, Architekt, Maurer, Bauarbeiter und Fabrikarbeiter.

Als Masseur können Sie Ihre analytischen Fähigkeiten nutzen, um die Energieströme des Körpers zu verstehen. Ihre präzise, logische Herangehensweise hilft ihnen, die richtigen Druckpunkte zu identifizieren und eine tiefe, entspannende Massage zu geben. Als Chirurgen verfügen sie über die notwendige Kompetenz, die für eine effiziente und exakte Arbeitsweise erforderlich ist, um menschliche Körper unter der Operationslampe zu behandeln. Auch als Landwirte und Gärtner können sie ihre analytischen Fähigkeiten einsetzen, um theoretische und praktische Anleitungen zu erstellen, die zu einer erstaunlichen Ernte führen. Als Mechaniker können sie sich auf die Einzelheiten des Motors konzentrieren und die fehlerhaften Teile identifizieren. Als technischer Zeichner können sie ihre exakte und präzise Herangehensweise nutzen, um Konstruktionen und Layouts zu erstellen, die für ein professionelles Aussehen sorgen. Als Buchhalter und Controller können sie ihre analytischen Fähigkeiten nutzen, um die finanziellen Geschäftszahlen der Organisation nachzuvollziehen und zu managen. In einem Beamtenjob haben Sie die Kompetenz, um komplexe Verfahren professionell und effizient auszuführen, indem Sie organisatorische Aufgaben splitten, um schnelle und effiziente Ergebnisse zu erzielen.

Die Schicksalszahl 5

Stärken und Potenzial

Menschen mit der Schicksalszahl 5 sind vielseitig, abenteuerlustig und lieben die Freiheit. Sie gelten als sehr gesellig, beweglich, weltoffen und wandlungsfähig. Sie lieben Herausforderungen und sind bereit, neue Wege zu beschreiten. Sie können hervorragend zuhören und gehen auf andere Menschen ein. Außerdem sind sie sehr anpassungsfähig und behalten in stressigen Momenten einen kühlen Kopf. Im Beruf sowie in ihrem privaten Leben sind Menschen mit der Schicksalszahl 5 wahre Meister im Multitasking. Sie sind herausragend, wenn es darum geht, viele verschiedene Dinge auf einmal zu erledigen. Sie sind ebenfalls hervorragend darin, schnell zwischen verschiedenen Aufgaben zu wechseln, keine Sekunde zu vertrödeln und die Aufgaben zügig zu erledigen. Diese Menschen lieben zusätzlich das Abenteuer und die Abwechslung. Ob Reisen, Klettern oder einfach nur die Welt erkunden, Abenteuerlustige mit der Schicksalszahl 5 tun das gerne. Sie lieben es, neue Dinge zu erleben, andere Kulturen kennenzulernen und ihren Horizont zu erweitern. Darüber hinaus sind sie sehr sensible Menschen, die stark auf ihre innere Stimme hören. Persönliche Freiheit ist ihnen sehr wichtig, daher entscheiden sie sich oft für einen unkonventionellen Weg in ihrem Leben.

Schwächen

Menschen mit der Schicksalszahl 5 können ihr Leben oft als völlig leer und unvorbereitet beschreiben. Sie versuchen sich durch alle Arten von Ausgaben für materielle Güter und geistiges Wissen abzulenken. Dieser Vorgang kann zu einem zwanghaften Verhalten werden, bei dem sie sich immer wieder nach äußeren Dingen sehnen und sich vor ihrem eigenen Selbst schützen möchten. Sie haben oft das Gefühl, eine seltsame innere Leere zu haben. Sie glauben, dass die materiellen Dinge und das Wissen, die sie sammeln, ihnen helfen, die Leere aufzufüllen und ihnen mehr Stabilität geben werden. Menschen mit der Schicksalszahl 5 neigen dazu, sich mit materiellen Dingen und geistigem Wissen zu beschäftigen, um sich abzulenken. Es ist jedoch wichtig, dass sie sich mit ihren eigenen Emotionen auseinandersetzen, um ein tieferes und erfüllteres Leben zu führen. Wenn sie sich mit ihren Gefühlen und Bedürfnissen befassen, können sie ihr inneres Gleichgewicht wiederherstellen.

Berufung

Die Schicksalszahl 5 gilt als sehr aufgeschlossen und ihr wird in vielen verschiedenen Lebensbereichen Aufmerksamkeit und Respekt entgegengebracht. Die 5 hat eine entscheidende Kraft, um Veränderungen zu initiieren und schätzt es, neue Dinge zu erforschen. Diese Menschen sind immer auf der Höhe der Zeit und neigen dazu, für Aufruhr zu sorgen. Viele Berufe sind offen für diese Bereitschaft, neue Dinge zu lernen. Sie können etwa Manager werden, verschiedene Projekte koordinieren und Ihr Unternehmen in einem florierenden Wettbewerbsmarkt an der Spitze halten. Vielleicht haben Sie ein Händchen für Erfindungen und können neue Ideen und Produkte entwickeln, die das Leben Ihrer Kunden verbessern. Oder Sie entscheiden sich dafür, Wissenschaftler zu werden, der hilft, globale Probleme zu lösen. Einfühlungsvermögen und die Fähigkeit, Lösungen für die unmittelbaren Bedürfnisse der Menschen zu finden, machen Sie auch zu einem idealen Entwicklungshelfer. Haben Sie den Wunsch, anderen Wissen und Einsichten zu vermitteln? Dann wäre vielleicht Bibliothekar, Forscher oder ein Job bei der Polizei etwas, das perfekt zu Ihrer Schicksalszahl passt. Ein analytischer Verstand macht Sie auch zu einem idealen Börsenmakler, Bankangestellten oder Reiseleiter. Vielleicht bevorzugen Sie aber auch den direkten Kontakt mit Kunden. In diesem Fall könnten Sie ein brillanter Verkäufer, Außendienstmitarbeiter, Schriftsteller, Moderator, Versicherungs- oder Werbefachmann oder Journalist werden.

Die Schicksalszahl 6

Stärken und Potenzial

Die Menschen, die unter dem Einfluss der Schicksalszahl 6 stehen, sind stets bemüht, dass ihr Zuhause und ihre Familie ordnungsgemäß und liebevoll versorgt sind. Sie behalten alles im Auge und sorgen sich um ein positives und harmonisches Umfeld. Als Führer und als Beschützer möchten sie alle zufriedenstellen. Menschen mit der Schicksalszahl 6 sind meist sehr gesellig und lieben es, mit Freunden und Familie Zeit zu verbringen. Sie achten auf die kleinen Details und versuchen, auf alles vorbereitet zu sein. Durch ihr stetiges Bedürfnis, alles in Ordnung zu halten, ziehen die Menschen mit der Schicksalszahl 6 oft Freundschaften an, die Geborgenheit und Stabilität bieten. Sie sind ein Teil einer Gruppe, die sich voller Sorgfalt und Hingabe um diejenigen kümmert, die ihnen wichtig sind. Sie schätzen es aufrichtig, wenn sich die Dinge in ihrem Haus entsprechend ihren Wünschen entwickeln und lieben es, allein oder mit Freunden angenehme Erinnerungen zu schaffen. Darüber hinaus interessieren sie sich für ästhetische Dinge wie Kochen, Musik, ein schönes Zuhause, gute Unterhaltung und einen positiven Umgang miteinander.

Schwächen

Trotz all der positiven Eigenschaften, kann der Einsatz von Liebe und Fürsorge jedoch auch übertrieben werden. Wenn ein Mensch mit der Schicksalszahl 6 zu aufopfernd wird, kann es passieren, dass es zu emotionalen Abhängigkeiten kommt. Dieses Verhalten kann zu Eifersucht und Besitzansprüchen führen und die Mitmenschen können sich von der Liebe und dem Engagement fast erdrückt fühlen. Zudem neigen sie dazu, an sich selbst zu zweifeln und sind deshalb oft vorsichtig und misstrauisch.

Berufung

Menschen mit der Schicksalszahl 6 können in einer Vielzahl von Berufen erfolgreich sein, wenn sie ihrer stärksten Eigenschaften folgen. Rechtsanwalt, Richter und Polizist sind die idealen Berufe für diese Menschen. Diese Rollen ermöglichen es ihnen, den Nutzen der Gesellschaft zu optimieren, indem sie aufgedeckte Wahrheiten aussprechen, die notwendigen Änderungen vornehmen und die beiden Seiten fair vertreten. Eine faire, gerechte und objektive Ansicht zu haben, ist eine große Hilfe, wenn man in diesen Berufen arbeitet. Architektur ist ein weiteres Berufsbild, welches für jemanden mit der Schicksalszahl 6 interessant sein kann. Es bedarf vieler Fähigkeiten und Talente, um eine erfolgreiche Karriere als Architekt zu machen. Menschen mit der Schicksalszahl 6 geben ihren langfristigen Zielen Priorität. Diese Eigenschaft ermöglicht es ihnen, ein einzigartiges und kreatives Design zu erzeugen, das langfristig Bestand hat. In der Bildungsbranche haben diese Menschen ein Talent, Kindern und Jugendlichen beim Lernen zu helfen und ihre schöpferischen Fähigkeiten zu entwickeln. Lehrer, Erzieher, Kindergärtner und Heiler sind allesamt Berufe, die sich für sie eignen. Ein Lehrer oder eine Lehrerin mit der Schicksalszahl 6 kann seine oder ihre Talente nutzen, um den Schülern eine positive Herangehensweise an das Lernen und Engagement für ein bestimmtes Thema zu vermitteln. Sie sind auch gut geeignet für Berufe, die helfen, Menschen zu heilen. Ein Arzt oder eine sanfte, verständnisvolle Krankenschwester können viel Gutes bewirken. Ein weiterer Beruf, den Menschen mit der Schicksalszahl 6 ausüben können, ist Therapeut, da sie eine einzigartige Fähigkeit haben, Geduld, Mitgefühl und Verständnis für andere zu zeigen. Kreative Berufe, wie Künstler oder Musiker, Hauswirtschafter oder Köche, Innendekorateur oder Gärtner, ermöglichen es ihnen, ihre individuellen Fähigkeiten zu nutzen und ihre Kreativität und Kompetenz einzubringen.

Die Schicksalszahl 7

Stärken und Potenzial

Menschen mit der Schicksalszahl 7 haben ein einzigartiges Wesen. Sie haben ein natürliches Gefühl für das Leben und eine tiefgründige Intuition. Sie sind sensibel, herzlich und charmant. Diese Menschen lieben die Natur, sie lieben Tiere und fühlen mit allen Kreaturen. Sie sind ein vertrauenswürdiger Freund, der anderen mit Respekt begegnet und sie in ihren Entscheidungen unterstützt. Menschen mit der Schicksalszahl 7 sind sehr selbstreflektiert, was bedeutet, dass sie ein Gespür dafür haben, wer sie sind und wozu sie in der Lage sind. Dieses Wissen, das sie über sich selbst haben, ermöglicht es ihnen, eine eindeutige Intuition in Bezug auf andere und deren Ziele zu entwickeln. Dadurch können sie Lösungen für Probleme finden und sich in eine bessere Position versetzen. Im Allgemeinen haben sie ein Gefühl für Gerechtigkeit und behandeln alle gleich. Menschen mit der Schicksalszahl 7 zeichnen sich durch eine starke Umsichtigkeit aus, wobei sie sich sehr bewusst darüber sind, welche Auswirkungen ihre Handlungen und Worte auf andere haben können. Sie entscheiden sich für Weisheit anstatt Ignoranz und respektieren die Sichtweisen und Einstellungen anderer. Darüber hinaus nehmen sie die Meinung anderer an, beurteilen aber immer ihre eigene Meinung über eine Situation. Diese Menschen sind auch sehr spirituell veranlagt. Sie sind neugierig auf das Hintergrundwissen einer Situation und fühlen sich mit tiefer gehenden Ideen und Gedanken verbunden. Sie meditieren gerne und verweilen lieber in einer stillen Umgebung als in lauten Kulissen. Dies ermöglicht es ihnen, uneingeschränkt in die Bedeutung der Dinge in ihrem Leben einzutauchen.

Schwächen

Menschen mit der Schicksalszahl 7 sind ernst, in sich gekehrt und zurückhaltend. Sie halten sich äußerlich zurück, aber in ihrem Inneren brennt es vor Gefühlen. Diese Menschen suchen oft die Einsamkeit, weil sie nicht wissen, wie sie mit ihren intensiven Gefühle umgehen können. Sie haben Angst, ehrlich zu anderen Menschen zu sein, weil sie unter Umständen nicht verstanden werden.

Berufung

Wer eine Schicksalszahl 7 hat, hat oft ein starkes Interesse an Wissenschaft und Technik. Wissenschaftler, Ingenieure, Techniker und Erfinder sind alles ideale Berufe. Diese Berufe können eingesetzt werden, um unser Verständnis für die Welt zu verbessern und neue Möglichkeiten für das menschliche Wohlergehen zu eröffnen. Wissenschaftler, Ingenieure und Techniker entwickeln und bauen Dinge, die die Gesellschaft vorwärtstreiben. Erfinder erschaffen etwas völlig Neues und bringen die wissenschaftliche und technische Forschung voran. Schriftsteller und Lehrer sind weitere perfekte Berufe für Menschen mit der Schicksalszahl 7. Schriftsteller können die Idee, die sie für die Welt haben, in einer schön konstruierten Geschichte ausdrücken. Lehrer können dazu beitragen, dass wir uns an das richtige Denken erinnern und die nächste Generation zu einer besseren Welt führen. Mit diesen beiden Berufen können wir unsere Gesellschaft dazu bringen, vorwärts zudenken und Herausforderungen zu bewältigen, die uns die Zukunft bringen wird. Gartenarchitektur, Gartenbau, Waldwirtschaft, Tierarzt, Tierpfleger, Pfarrer, Religionsforscher und Philosophiedozenten – jeder dieser Berufe kann eine besondere Verbindung mit der Zahl 7 herstellen. Die Berufe variieren stark und haben alle eine spirituelle Verbindung. Gartenarchitektur hilft uns, auf tiefer Ebene mit der Natur zu verschmelzen. Waldwirtschaftsberufe sorgen für Kontinuität und können dazu beitragen, alte Praktiken und Bräuche zu bewahren. Tierarzt und Tierpfleger kümmern sich um unsere liebgewonnenen tierischen Freunde. Pfarrer ermutigen uns, an das Gute zu glauben. Religionsforscher lehren uns mehr über die spirituellen Traditionen und Philosophiedozenten helfen uns, unser tiefstes Verständnis der Welt um uns herum zu entwickeln.

Die Schicksalszahl 8

Stärken und Potenzial

Menschen mit der Schicksalszahl 8 haben eine besondere Verbindung zu Reichtum und Wohlstand. Sie streben nach Anerkennung und sind bereit, hart dafür zu arbeiten. Sie haben eine glückliche Hand bei Spekulationen und ziehen Menschen an, die ihnen bei der Erfüllung ihrer Wünsche helfen. Trotz aller Anstrengungen müssen Menschen mit der Schicksalszahl 8 oft auch vor berechtigten Zweifeln stehen. Ihre Kritiker und Widersacher bezweifeln ihren Erfolg. Aber die 8 bleibt davon unbeeindruckt. Dank ihres Ehrgeizes und ihrem unermüdlichen Streben erreichen diese Menschen schließlich ihr Ziel. Sie beweisen anderen, dass mit Hartnäckigkeit, Fleiß und Entschlossenheit viel erreicht werden kann. Beim Wohlstand machen sie keine Kompromisse und setzen all ihre Energien ein, um sich selbst und anderen ein glücklicheres, erfolgreiches Leben zu ermöglichen. Ihr innerer Drang nach Erfolg ermöglicht es ihnen, Menschen zu finden, die bereit sind, ihnen dabei zu helfen, Ihre Wünsche zu verwirklichen.

Schwächen

Neben Stärke und Ehrlichkeit besteht auch die Gefahr, dass die Menschen mit der Schicksalszahl 8 selbstgerecht werden. Sie wollen immer recht haben und sind oft nicht in der Lage, Fehler in ihrem eigenen Verhalten einzugestehen oder sich zu entschuldigen. Diese Menschen sind selbstbewusst und rechthaberisch, aber oft auf Kosten anderer. Sie bekommen Energie, indem sie andere unterdrücken und einen Keil zwischen sie treiben. Sie stellen gerne moralische Forderungen an andere, ohne sich selbst an diese zu halten. Diese Ungleichheit ist ein verbreitetes Problem und es braucht einen starken Willen, um dem nicht nachzugeben. Darüber hinaus können diese Menschen nur schwer sich selbst reflektieren und anerkennen, dass sie ebenso Fehler machen. Dies macht es schwierig, sich selbst zu entwickeln, denn Fehler sollten stets als Wachstumschance betrachtet werden.

Berufung

Die Zahl 8 symbolisiert einen tatkräftigen Menschen mit Führungsbewusstsein. Sie werden innovative Ideen umzusetzen und sind unerschrocken, wenn es darum geht, Kontrolle und Verantwortung zu übernehmen. Unternehmer, Manager, Jurist, leitender Angestellter, Verleger, Finanzverwalter, Politiker, Organisator von Tagungen und Kursen aller Art und Sportler – für all dies sind diese Menschen hervorragend geeignet. Als Unternehmer verfügen sie über eine starke Führungskompetenz und Durchsetzungskraft, die sie dazu veranlassen, entschlossene Entscheidungen zu treffen. Zugleich haben sie einen Sinn für Fairness, aufgrund dessen sie versuchen, fair zu ihren Kunden und Angestellten zu sein. Als Manager besitzen sie eine natürliche Fähigkeit, Probleme zu lösen und erfolgreiche Resultate zu erzielen, während sie sich Mühe geben, Qualität und Detaillierung zu berücksichtigen. Als Juristen, leitende Angestellte und Finanzverwalter stehen ihnen starke analytische und logische Fähigkeiten zur Verfügung. Diese sind unerlässlich, um komplexe rechtliche Dokumente zu interpretieren und eindeutige Beurteilungen vorzunehmen. Was Verleger betrifft, haben Menschen mit einer Schicksalszahl 8 die Vision, erfolgreiche Sachen in die Welt zu bringen, die eindeutig ihre Handschrift tragen. Sie sind kreative Charaktere, die gerne die Kontrolle über ihr Geschäft behalten.

Die Schicksalszahl 9

Stärken und Potenzial

Menschen, die mit der Schicksalszahl 9 geboren wurden, sind oft vielfältig, großzügig, fleißig und auf vielen Gebieten sehr begabt und erfinderisch. Sie sind leidenschaftlich und offen für Veränderungen. Sie sind besonders und es ist wichtig, mehr über ihre besonderen Kompetenzen zu verstehen und zu wissen, wie man sie am besten unterstützen kann. Diese Menschen haben oft eine besondere Energie, die sie in allen Bereichen zu ihrer persönlichen Entwicklung nutzen wollen. Sie sind an vielen Dingen interessiert und möchten nichts verpassen. Sie sind stets bereit, neue Wege zu erkunden und neue Risiken einzugehen, um neue Erfahrungen zu sammeln. Oft sind sie leidenschaftlich und offen für Veränderungen, während sie versuchen, im Leben erfolgreich zu sein. Sie sind extrem intelligent, großzügig und haben oft ein aktives soziales Engagement. Sie sind bereit, andere zu unterstützen und ein aktiver Teil ihrer Gemeinschaft zu sein. Aufgrund ihrer erfinderischen Natur können sie neue Wege finden, um Probleme zu lösen.

Schwächen

Menschen mit der Schicksalszahl 9 befinden sich ständig auf der Suche nach Bestätigung und Anerkennung, sowohl von anderen als auch von sich selbst. Oft haben sie die Erwartung nicht nur an sich selbst, sondern auch an ihre Mitmenschen, dass sie alles auf einmal machen sollen und alles perfekt laufen muss. Dies kann zur Unzufriedenheit führen. Sie versuchen Konflikte zu vermeiden, was oft dazu führt, dass sie mehr Energie in die Vermeidung dieser Konflikte stecken, als sie tatsächlich haben. In einem solchen Fall kommt es häufig vor, dass diese Menschen ungeduldig von einer Sache zur nächsten übergehen, was manchmal zu viel ist und zu chaotischen Zuständen führt.

Berufung

Menschen mit der Schicksalszahl 9 haben das Potenzial, Führungskräfte und Personen, die mit dem Ausland in Verbindung stehen, zu vertreten. Diplomatie ist eine einzigartige Karriere, in der man sehr aufgeschlossen sein muss, um sowohl Stimmen der Opposition als auch Stimmen der Bevölkerung zu verstehen und zu berücksichtigen. Ein weiteres Jobbeispiel für die idealen Berufe für Menschen mit der Schicksalszahl 9 ist der Sozialarbeiter. Dieser Job ist sehr anstrengend und erfordert ein gutes Verständnis der verschiedenen sozialen Aspekte der Menschen in der Gesellschaft. Als Sozialarbeiter können Sie Familien helfen, ihre Probleme zu lösen, indem Sie lösungsorientierte Ansätze vorschlagen. Einige Personen erleben Berufungen im juristischen Bereich. Einer davon ist der Beruf des Rechtsanwalts. Rechtsanwälte sind dafür verantwortlich, sowohl Privatpersonen als auch Unternehmen in Bezug auf ihre rechtlichen Angelegenheiten zu beraten und zu vertreten. Tänzer sind ebenfalls ideal für Menschen mit der Schicksalszahl 9. Tänzer sind nicht nur begabte Künstler, sondern auch sehr fleißige Forscher. Es erfordert eine Menge Arbeit, um die korrekten Bewegungen und Positionen zu erlernen, aber für Menschen mit der Schicksalszahl 9 ist dieser Beruf eine Herausforderung mit viel Kreativität. Ein Künstler kann Bilder, Skulpturen oder andere Arten von Kunstwerken erschaffen, die kreative Gedanken miteinander verbinden. Außenhandelskaufleute müssen die verschiedenen Varianten der internationalen Geschäftstätigkeit beherrschen, insbesondere, welche Art von Produkten und Dienstleistungen in den globalen Märkten nachgefragt werden. Schauspieler sind ein weiteres schönes Beispiel für Menschen mit der Schicksalszahl 9. Denn sie müssen perfekt sein in der Fähigkeit und der Technik, ihre verschiedenen Charaktere authentisch darzustellen.

Geburtstagszahl

Die Geburtstagszahl ist ein Zeichen für die persönliche Entwicklung und eine Erinnerung an das seelisch-geistige Erbe, welches uns durch ein früheres Leben begleitet hat. Es ist eine Zahl, die uns viel über unsere Vergangenheit und unser Temperament erzählt, aber vor allem auch über die Richtung, in die wir unser Leben lenken wollen. Wir können uns immer wieder bewusst machen, was unsere Geburtstagszahl uns verrät. Wir können uns überlegen, welche intrinsischen und extrinsischen Eigenschaften uns helfen, unsere Ziele zu erreichen, auf die wir uns gerade konzentrieren. Der Nutzen der Geburtstagszahl liegt letztlich in der Erkenntnis, die wir aus unserer Vergangenheit gewinnen und der Stärkung unseres Charakters. Es ist ein Symbol, das uns an unsere Vergangenheit und unser Erbe erinnert und das uns dabei hilft, uns selbst besser kennenzulernen und das Beste aus uns herauszuholen. Mit unserer Geburtstagszahl können wir bessere und selbstsicherere Entscheidungen treffen und uns auf das konzentrieren, was uns zum einzigartigen Individuum macht. Sie ist ein kostbarer Faden, der uns von Jahr zu Jahr verbindet. Es ist eine persönliche Referenz, die uns wieder und wieder daran erinnert, wer wir sind und welchen Weg wir einschlagen. Diese Zahl erinnert uns an unsere Stärken, aber auch an die Chancen, die uns auf unserem Weg begegnen. Wir dürfen uns nicht unterkriegen lassen und müssen uns jeden Tag daran erinnern, dass wir es wert sind, unser Bestes zu geben. Mit unserer Geburtstagszahl können wir ein positives und erfülltes Leben führen.

Berechnung der Geburtstagszahl

Wenn Sie die Quersumme Ihrer Geburtstagszahl berechnen, dann können Sie herausfinden, welches Geschlecht Sie im letzten Leben hatten. Dabei wird ausschließlich der Tag der Geburt für die Berechnung genommen.

- Handelt es sich um eine gerade Zahl, dann hatten Sie im letzten Leben das weibliche Geschlecht
- Ist die Zahl ungerade, dann war es sehr wahrscheinlich das männliche Geschlecht

Hier ein Rechenbeispiel:
Das Geburtsdatum ist der 15.08.1979, der Tag der Geburt ist der 15.

Also: 1 + 5 = 6 → Die Geburtstagszahl ist hier die 6.

Diese Rechnung können sie nicht nur für die Geburt eines Menschen, sondern auch für die Entstehung anderer Dinge verwenden, wie das Gründungsdatum einer Firma, einer Vision, einer Stadt usw.

Bedeutung der Geburtstagszahlen

Die Geburtstagszahl 1

- Geboren am 01., 10., 19. oder dem 28.
- Hauptplanet dieser Geburtstagszahl: Sonne
- Idealer Wochentag, um wichtige Dinge zu erledigen: Sonntag

Stärken

Diese Personen sind motiviert, organisiert und exakt, was ihnen hilft, ihre Aufgaben zu erfüllen und auch andere zu motivieren. Sie haben eine starke Persönlichkeit und sind so angelegt, dass sie unter schwierigen Umständen erfinderisch sind und eine gute Alternative vorschlagen können. Menschen mit der Geburtstagszahl 1 gehören zu denjenigen, die sehr lebendig sind und für ihre Interessen einstehen. Sie sind entschlossene Führer und wollen immer das Beste erreichen. Sie sind gesund und aktiv und für neue Ideen offen. Diese Menschen sind fröhlich und haben eine positive Ausstrahlung, die andere motiviert. Mit ihrem kreativen Geist und ihrer starken Willenskraft werden sie zu denen, die vorwärtsdrängen und neue Ideen und Ideale vorantreiben. Darüber hinaus sind sie sehr pflichtbewusst und diszipliniert. Sie gehen präzise und organisiert vor, was bedeutet, dass sie einen genauen Plan erstellen können, um ihre Ziele zu erreichen. Mit dieser Eigenschaft können sie andere zu etwas Neuem führen und ihnen helfen, den Weg zu ihren eigenen Zielen zu finden.

Schwächen

Menschen mit der Geburtstagszahl 1 sind oft sehr direkt und lehnen Ratschläge oder Widerrede ab. Sie haben eine unerschütterliche Meinung und werden alles tun, um diese durchzusetzen. Sie sind unergründlich und Gefühle zu zeigen, fällt ihnen schwer. Menschen mit der Geburtstagszahl 1 sind tendenziell stur, manchmal sogar taktlos und egoistisch. Wenn sie ein Ziel haben, sind sie sich manchmal nicht bewusst, dass sie sich nicht an die Gefühle anderer Leute anpassen. Sie nehmen die Energie, die sie haben, oft nur auf, um etwas zu erreichen – nicht, um sich selbst oder andere zu unterstützen. Sie sagen Dinge, die manchmal unbeabsichtigt, kalt oder egoistisch klingen und es ist schwierig für sie, sich zurückzunehmen.

Die Geburtstagszahl 2

- Geboren am 02., 11., 20. oder dem 29.
- Hauptplanet dieser Geburtstagszahl: Mond
- Idealer Wochentag, um wichtige Dinge zu erledigen: Montag

Stärken

Menschen mit der Geburtstagszahl 2 besitzen in vielen Hinsichten besondere Fähigkeiten. Meist sind sie sensibel und haben eine ausgeprägte Intuition. Sie nehmen einfache und komplexe Gefühle und Meinungen deutlich wahr und sie sind in der Lage, die Beweggründe von anderen zu verstehen. Dadurch haben sie ein ausgezeichnetes Einfühlungsvermögen und stehen immer unterstützend zur Seite. Die Geburtstagszahl 2 besitzt eine starke neue Energie und Visionen, die zu mehr Inspiration und Kreativität führen. Viele Menschen mit der Zahl 2 sind begabte Künstler. Sie haben eine Tendenz zu fantasievollen Ideen und ein einzigartiges Verständnis des Lebens. Mithilfe des verwandten Gefühls und der Intuition können sie Probleme und Herausforderungen diplomatisch angehen. Sie schaffen es, inmitten von Konflikten herzliche und emotionale Lösungen zu finden.

Schwächen

Menschen mit der Geburtstagszahl 2 sind zu oft unsicher, sehr emotional und zweifeln schnell. Sie gestehen sich oft nicht zu, dass sie stark, mutig und wertvoll sind. Sie unterschätzen bisweilen ihre Fähigkeiten und haben oft ein negatives oder beschränktes Selbstbild. Oft sehen sie sich als hilflos, ängstlich oder schwach und sagen bei vielen Dingen ja, ohne sich über die Folgen im Klaren zu sein. Sie sind sehr abhängig von der Stimmung der Umgebung und haben oft ein unrealistisches Bild von sich und ihren Fähigkeiten.

Die Geburtstagszahl 3

- Geboren am 03., 12., 21. oder dem 30.
- Hauptplanet dieser Geburtstagszahl: Jupiter
- Idealer Wochentag, um wichtige Dinge zu erledigen: Donnerstag

Stärken

Menschen mit der Geburtstagszahl 3 sind diejenigen, die Hoffnung und Freude schenken, wo sie am dringendsten gebraucht wird. Sie sind voller Optimismus und behalten bei jedem Hindernis, das sich ihnen in den Weg stellt, die Fähigkeit bei, stets weiterzumachen. Diese Menschen sind sehr humorvoll, aber auch empathisch, wenn es um andere Menschen geht, die Unterstützung benötigen. Mit ihrem scharfen Verstand und ihrer analytischen Fähigkeit sind sie sehr begabt und leidenschaftlich. Ihre Kreativität und Fantasie machen sie zu einzigartigen Personen. Sie sind nett und sehr hilfsbereit, aber auch unglaublich vorsichtig. Obwohl sie bei großen Entscheidungen oft zögern und ängstlich sind, besitzen sie eine liebenswerte Art, die andere anzieht. Sie sind sehr warmherzig und fähig, tiefe Verbindungen zu schaffen. Sie sind auf der Suche nach Liebe und Loyalität und erwidern sie stets mit der gleichen Intensität.

Schwächen

Menschen mit der Geburtstagszahl 3 erleben oft starke Emotionen, mit denen sie nicht immer fertig werden können, was oft dazu führt, dass sie bei ihrer Gefühlsachterbahn die Kontrolle über ihr Handeln verlieren. Diese Menschen benötigen eine Umgebung, in der sie Ihre Begabungen ausleben können. Andernfalls neigen sie zu Überheblichkeit, Hochmut und dazu, andere Menschen um sich herum zu schikanieren.

Die Geburtstagszahl 4

- Geboren am 04., 13., 22. oder dem 31.
- Hauptplanet dieser Geburtstagszahl: Uranus
- Idealer Wochentag, um wichtige Dinge zu erledigen: Samstag

Stärken

Menschen mit der Geburtstagszahl 4 sind sehr vielseitig und besitzen viele interessante Eigenschaften. Sie sind innovativ, entscheidungsfreudig, rational und vor allem revolutionär. Man kann sie als unabhängige, hart arbeitende und fleißige Menschen bezeichnen, die eine besondere Fähigkeit haben, etwas Neues und Einzigartiges zu erschaffen. Sie sind in der Lage, innovative Lösungen für komplexe Probleme zu finden. Sie sind ein Paradebeispiel für eine konsequente Verfolgung von Zielen und Wünschen. Diese Menschen besitzen auch viele soziale Eigenschaften. Sie sind sehr zuverlässig, was andere an ihnen schätzen. Ihre Ehrlichkeit kann man bedenkenlos in Anspruch nehmen. Da ihnen die Sorge für andere Menschen am Herzen liegt, sind sie sehr großzügig, freundlich und tolerant gegenüber anderen Meinungen. Sie sind nicht nur sehr fürsorglich, sondern auch direkt und gehen Probleme proaktiv an. Dadurch können sie zu einem neuen sozialen Lebensraum beitragen. Menschen mit der Geburtstagszahl 4 sind äußerst intelligent und intuitiv. Durch ihren scharfen Verstand sind sie auch in der Lage, sich in komplexen technischen Belangen auszukennen und innovative Lösungen zu erarbeiten. Sie bringen die Erfahrung und die Fähigkeit mit, die bestmögliche strategische Lösung zu finden.

Schwächen

Menschen mit der Geburtstagszahl 4 sind natürliche Pessimisten und sie sind es gewohnt, unnötige Risiken zu vermeiden. Sie sind vorsichtig, zurückhaltend und aufmerksam. Dadurch, dass sie sich an eine klare Linie halten, verursachen sie aber häufig Frustration bei anderen, die andersartige Ideen haben. Menschen mit der Geburtstagszahl 4 brauchen eine gesunde Balance zwischen Sicherheit und Freiheit. Sie haben viel Potenzial, aber es ist wichtig, sich frei zu entfalten und verschiedene Perspektiven auszuprobieren.

Die Geburtstagszahl 5

- Geboren am 05., 14. oder dem 23.
- Hauptplanet dieser Geburtstagszahl: Merkur
- Idealer Wochentag, um wichtige Dinge zu erledigen: Mittwoch

Stärken

Diese intelligenten, impulsiven und schlagfertigen Menschen sind echte Kämpfer, die nie aufgeben und immer auf der Suche nach Veränderung sind. Menschen mit der Geburtstagszahl 5 besitzen ein besonderes Talent für Kreativität und Entdeckung. Sie sind sehr offen für alle möglichen Ideen und werden versuchen, alles zu erforschen und zu verstehen. Ihre künstlerische Seite kann schöne Kunstwerke schaffen und sie lieben es, ihre Gedanken auf kreative Weise auszudrücken. Diese Menschen sind auch sehr intuitiv und haben eine sehr schnelle Auffassungsgabe. Sie erfassen sofort, was vor sich geht, können aber auch ihr Wissen und Verständnis aus der Vergangenheit benutzen, um die Gegenwart besser zu verstehen. Sie haben eine besonders starke Liebe zur eigenen Freiheit, sind sehr kontaktfreudig und lieben die Abenteuer und die Risiken, die das Reisen mit sich bringen. Sie sind aber auch sehr empathisch und mitfühlend und lassen sich niemals von anderen Leuten unter Druck setzen. Menschen mit der Geburtstagszahl 5 sind immer bereit, neue Dinge auszuprobieren und auf unerwartete Ereignisse sind sie immer bestens vorbereitet.

Schwächen

Für diese Menschen ist es schwierig, ruhig zu bleiben und kontinuierlich zu arbeiten. Sie sind unruhig, rastlos und ungeduldig. Sie haben oft keine große Ausdauer und neigen dazu, zu viel zu wollen und zu schnell zu handeln. In emotionalen Situationen können sie leicht reizbar werden und sogar in Wut ausbrechen. Aufgrund dieser heftigen Stimmungsschwankungen sind Beziehungen schwierig.

Die Geburtstagszahl 6

- Geboren am 06., 15. oder dem 24.
- Hauptplanet dieser Geburtstagszahl: Venus
- Idealer Wochentag, um wichtige Dinge zu erledigen: Freitag

Stärken

Menschen mit der Geburtstagszahl 6 sind angenehme Gesprächspartner. Sie haben eine anziehende Stimme und ein Auge für Einzelheiten. Sie verfügen über Charisma und können andere leicht motivieren. In Bezug auf emotionale und persönliche Bindungen sind die Menschen mit der Zahl 6 besonders einfühlsam und können eine starke erotische Ausstrahlung haben. Ihr Charme und ihre Sinnlichkeit ziehen andere Menschen an, weshalb sie in Liebesdingen sehr glücklich und erfüllt sein können. Die Nähe zur Familie ist besonders wichtig. Menschen mit der Geburtstagszahl 6 besitzen viel Herzlichkeit und Großzügigkeit. Durch ihre liebenswerte Art sind sie sehr beliebt und haben in der Regel einen großen und vielseitigen Freundeskreis.

Schwächen

Menschen mit der Geburtstagszahl 6 versuchen jedem zu helfen, der sie benötigt, auch wenn es auf Kosten der eigenen Gesundheit geht. Sie erlauben es ihren Mitmenschen, sich ihnen emotional oder finanziell vollkommen anzuschließen, obwohl das nicht immer das Beste für sie ist. Sie neigen dazu, sich zu sehr zu vernachlässigen und zu viel zu arbeiten, um anderen zu helfen. Dadurch können sie auf Dauer körperlich und seelisch erschöpft sein und psychische oder physische Beschwerden bekommen.

Die Geburtstagszahl 7

- Geboren am 07., 16. oder dem 25.
- Hauptplanet dieser Geburtstagszahl: Neptun
- Idealer Wochentag, um wichtige Dinge zu erledigen: Sonntag und Montag

Stärken

Menschen mit der Geburtstagszahl 7 sind von der Natur dazu prädestiniert, interessante Fragen zu stellen und sich auf die Suche nach einem Verständnis des Lebens zu machen, Philosophie und Religion zu studieren und andere Kulturen und Sichtweisen zu erkunden. Sie sind unglaublich neugierig und nehmen an den verschiedensten Aktivitäten teil, um etwas über die Welt zu lernen. So suchen sie Beispiele, Motive und Weisheiten aus Büchern und anderen Medien, führen Gespräche mit geschätzten Persönlichkeiten und lesen viel über unerklärliche und religiöse Bedeutungen. Egal, was an dem Tag geschieht, Leute mit der Geburtstagszahl 7 bleiben stets interessiert und neugierig. Sie lernen dabei ständig und sind am besten darin, über das Unbekannte zu lernen. Durch ihren Hang zur Mystik, Philosophie und Religion entwickeln sie eine tiefe emotionale Verbindung zu Themen wie den Wissenschaften, der Natur oder zu Kulturen und sehen ihre Forschung als Werkzeug, um den Zusammenhang dessen, was um sie herum passiert, besser zu verstehen.

Schwächen

Menschen mit der Geburtstagszahl 7 haben es oft schwer, in Partnerschaften oder sogar in Freundschaften zu bestehen. Sie recherchieren gewissenhaft und können nur schwer andere Meinungen akzeptieren. Obwohl sie sich ihrer Stärke bewusst sind, ziehen sie sich gerne zurück. Sie stehen über allem und sind gleichzeitig ein wenig egoistisch. Denn sie betrachten die Dinge aus ihrer eigenen Sicht, während sie nur schwer andere Auffassungen akzeptieren.

Die Geburtstagszahl 8

- Geboren am 08., 17. oder dem 26.
- Hauptplanet dieser Geburtstagszahl: Saturn
- Idealer Wochentag für wichtige Dinge: Samstag

Stärken

Gleichermaßen berühmt wie ungeliebt ist die Tatsache, dass Menschen, die mit der Geburtstagszahl 8 geboren sind, alles mit großem Ehrgeiz und Kompromisslosigkeit erledigen wollen. Doch während sie nach außen hin ihr starkes und unerschütterliches Auftreten zeigen, verbirgt sich unter der harten Fassade ein weiches und liebevolles Herz. Ehrlichkeit, Gerechtigkeit, Motivation und die Fähigkeit, alles mit vollem Engagement und großer Begeisterung anzugehen, sind die größten Stärken eines Menschen mit der Geburtstagszahl 8. Sie zeichnen sich durch ihren Fleiß auf allen Ebenen aus und handeln aus einer tiefen inneren Überzeugung heraus. Ihre Gedanken und Handlungen sind immer motiviert, wenn es darum geht, anderen zu helfen oder die Welt zu einem besseren Ort zu machen.

Schwächen

Diejenigen, deren Geburtstagszahl die 8 ist, haben einen langen Weg vor sich, um ihren Erfolg zu erreichen. Sie begegnen vielen Hindernissen und Enttäuschungen. Diese Menschen müssen viele Veränderungen vornehmen, bevor sie ihr Ziel erreichen. Sie haben eine sehr stark ausgeprägte Identität und können ihr Leben nicht nach anderen richten. Deswegen sind sie nicht immer leicht zugänglich und gehen Risiken im Leben ein, die es erforderlich machen, eigene Entscheidungen zu treffen. Daher kann es auf diesem Weg zum Erfolg sehr einsam sein. Außerdem sind Leute mit der Geburtstagszahl 8 sehr ungeduldig und neigen dazu, grob gegenüber anderen zu sein.

Die Geburtstagszahl 9

- Geboren am 09., 18. oder dem 27.
- Hauptplanet dieser Geburtstagszahl: Mars
- Idealer Wochentag, um wichtige Dinge zu erledigen: Dienstag

Stärken

Die Menschen, die mit der Geburtstagszahl 9 geboren wurden, sind vielseitig begabt und entwickeln sich zu verständnis-, mitgefühl- und sympathiefähigen Persönlichkeiten. Es sind Menschen, die bereits als Kinder lernen durften, Möglichkeiten aufzudecken, die ihr Leben reicher und bunter machen. Sie sind in der Lage, Chancen zu erkennen und zu verstehen. Meist schöpfen diese Menschen auch viel Kraft aus ihrer Umgebung und handeln zügig, anstatt darauf zu warten, dass sich etwas ändert. Mit ihrer Entschlossenheit und Hilfsbereitschaft werden sie zu großen Beschützern. Sie können in schwierigen Situationen eigenständig gute Entscheidungen treffen. Die Menschen mit der Geburtstagszahl 9 sind einzigartig und haben ein Talent, das sie benötigen, um das Unbekannte zu erkunden und neue Erfahrungen zu sammeln.

Schwächen

Menschen mit der Geburtstagszahl 9 haben häufig Schwierigkeiten, sich gut mit anderen zu verständigen, da sie rudimentär und manchmal einsam sind. Sie sind oft frustriert, wenn es darum geht, ein Ziel zu erreichen. Sie haben auch eine Neigung zu Wut und Jähzorn. Diese Menschen neigen dazu, sehr leichtsinnig und risikofreudig zu handeln, was oft zu unerwünschten Konsequenzen führt. Darüber hinaus haben sie keine Scheu, ihre Meinung zu äußern, was häufig zu unverblümten, taktlosen und rechthaberischen Kommentaren führt.

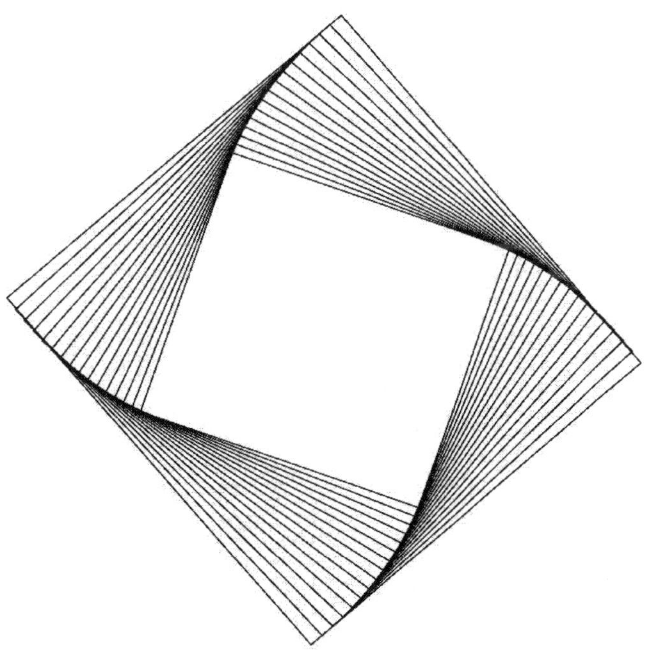

Seelenmotivationszahl

Der Weg zu einem erfüllenden und sinnerfüllten Leben ist nirgendwo besser zu finden als in der Seelenmotivationszahl. Viele Menschen sind sich nicht bewusst, dass sie eine Seele haben, die einzigartige und bedeutungsvolle Fähigkeiten hat. Die Umsetzung dieser Fähigkeiten steht im Mittelpunkt des Lebens.

Um die Seelenmotivationszahl zu finden, muss man sich erst einmal bewusst machen, was das ist. Seelenmotivation bedeutet, sich mit dem eigenen Selbst, dem Universum und dem Schicksal zu verbinden, neue Wege zu erkunden und zu lernen, wer wir wirklich sind. Es ist nicht nur ein Verhältnis zu sich selbst, sondern ein Baustein eines tieferen Verständnisses der Welt. Auf dieser spirituellen Entdeckungsreise kann man tiefer in sich hineinblicken, sein eigenes Potenzial entdecken und mehr über sein Schicksal erfahren. Menschen, die ihre Seelenmotivationszahl erforschen möchten, sollten sich zunächst bewusst machen, was ihnen die wichtigste Lebensaufgabe ist. Man kann seine Reise in die Seelenmotivationszahl beispielsweise beginnen, indem man sich beständig darum bemüht, in gewissen Situationen authentisch zu sein, statt sie wie eine Rolle nachzuspielen. Dies beinhaltet zunächst einmal ehrlich zu seinen Gefühlen, Wünschen und Bedürfnissen zu stehen. Man kann seinem eigenen Heilungsprozess auch durch verschiedene Werkzeuge und Techniken unterstützen. Es gibt unzählige entspannende Meditationen, die eine Verbindung zum Schicksal herstellen können. Aber auch positive Affirmationen, die dabei helfen, sich selbst und sein Potenzial wahrzunehmen, sowie Visualisierungsübungen, bei denen man sich vorstellt, was man möchte, können für den inneren Heilungsprozess nützlich sein. Die Seelenmotivationszahl ist eine sich ständig entwickelnde Reise, bei der man Erfahrungen sammelt, die eine inspirierende Quelle für das Leben sind. Man kann immer wieder neue Wege entdecken, ohne jemals das Vertrauen in sich zu verlieren. Mit einer einzigartigen Mischung aus spiritueller Erforschung und täglicher Umsetzung eröffnet sich ein neuer Weg, der uns helfen kann, neue Glücksmomente zu erleben und sich dem wahren Sinn des Lebens näherzubringen.

Berechnung der Seelenmotivationszahl

Die Seelenmotivationszahl errechnet sich aus den Anfangsbuchstaben von Vor- und Nachnamen. Bei einem zweiten Vornamen oder einem doppelten Nachnamen wird zusätzlich der dazugehörige Anfangsbuchstabe hinzugenommen. Dasselbe gilt mit einem Zusatz im Namen, wie „von".

Hier ein paar Beispiele:

Markus Fahrenhorst

- Anfangsbuchstaben sind „M" und „F"
- Die dazugehörigen Zahlen sind 4 und 6

- Also: 4 + 6 = 10 = 1 + 0 = 1
- Die Seelenmotivationszahl für diesen Namen ist die 1

Markus Benjamin Fahrenhorst

- Anfangsbuchstaben sind „M“, „B“ und „F“
- Die dazugehörigen Zahlen sind 4, 2 und 6
- Also: 4 + 2 + 6 = 12 = 1 + 2 = 3
- Die Seelenmotivationszahl für diesen Namen ist die 3

Markus von Fahrenhorst

- Anfangsbuchstaben sind „M“, „v“ und „F“
- Die dazugehörigen Zahlen sind 4, 4 und 6
- Also: 4 + 4 + 6 = 14 = 1 + 4 = 5
- Die Seelenmotivationszahl für diesen Namen ist die 5

Wenn nach einer Heirat ein neuer Name angenommen wird, dann wird zuerst der Geburtsname berechnet. Anschließend wird die Seelenmotivationszahl mit dem neuen Namen ermittelt. Damit bekommen Sie einen schönen Einblick dahin gehend, wie sich Ihre Seelenmotivationszahl, und damit auch Sie selbst, verändert hat und wie die bisherige Entwicklung verlaufen ist.

Bedeutung der Seelenmotivationszahl

Die Seelenmotivationszahl 1

Menschen mit der Seelenmotivationszahl 1, die Entdecker-Typen, sind ständig bestrebt, Neues zu erforschen. Anstatt in Komfortzonen zu verweilen, treibt sie ein unstillbares Bedürfnis an, neue Orte zu erkunden und neue Ideen zu formulieren. Auf ihrer Suche nach dem Unbekannten wollen sie Nutzen und Bedeutung schöpfen, nicht nur für sich selbst, sondern für alle. Menschen mit der Seelenmotivationszahl 1 sind neugierig und unersättlich, was Erfahrungen betrifft. Sie bestehen darauf, ein eigenes Wissen und Verständnis über Dinge zu gewinnen und sind entschlossen, Neues zu erforschen und zu lernen. Außerdem sind sie fähig, außergewöhnliche Situationen zu bewältigen und wunderbare Entdeckungen zu machen. Sie sehnen sich danach, Impulse zu generieren, die als Funken für positiven Wandel und Inspiration dienen. So vertrauen Sie auf ihre Ideen, statt sie zu unterdrücken, und sind bereit, sie zu verbreiten, um etwas Sinnvolles aus ihnen zu machen. Um dies zu tun, machen sie sich die Welt zu eigen, indem sie verschiedene Kulturen, Reisen und Branchen erforschen und anwenden, wobei sie auf die Meinungen anderer hören, ohne ihr eigenes Urteil aufzugeben. Sie sind außerdem fähig, eine Wissensbasis aufzubauen, indem sie alles, was sie über ein Thema erfahren und erleben, integrieren. Diese Transformationen im Lebensstil machen sie zu guten Mentoren und Beratern für andere, da sie ihnen beibringen können, wie man ein aktives Interesse an anderen Themen entwickelt und anpassungsfähig an verschiedene Situationen herangeht. Und obwohl sie Kopflastigkeit, Schüchternheit und Egoismus überwinden müssen, um herausragender zu werden, lassen sie sich auch von ihrer eigenen Vorstellungskraft und dem inneren Drang begeistern, das Unbekannte zu erkunden. Ihre Visionen und Gedanken sind für andere, die auf der Suche nach Anleitung, Konzepten und Ideen sind, eine wertvolle Unterstützung.

Die Seelenmotivationszahl 2

Wer die Seelenmotivationszahl 2 hat, besitzt eine besondere Fähigkeit, die es benötigt, um den Weg in ein erfülltes Leben zu finden. Menschen mit der Seelenmotivationszahl 2 sind sehr sensibel und haben eine sehr starke Intuition. Sie sind meist sehr kreativ und haben einen besonderen Sinn für Ästhetik und Schönheit. Sie sind verständnis- und liebevoll ihrem Umfeld gegenüber und es ist ihnen wichtig, andere zu verstehen und zu unterstützen. Sie sind auch sehr empfänglich für Gefühle und Energien, die andere Leute ausstrahlen. Aufgrund ihrer Sensitivität und Intuition ist es für sie leicht, über ihre eigenen Gefühle und Bedürfnisse hinaus einzutauchen und Erkenntnis zu erlangen. Dadurch haben sie ein sehr feines Gespür dafür, was in einer Situation wichtig ist und wie sie sich entsprechend verhalten sollen. Diese Fähigkeiten machen Menschen mit der Seelenmotivationszahl 2 zu einem wertvollen Ratgeber für ihre Freunde und Familie. Sie können anderen eine weisere und klarere Sicht auf die Dinge geben und ihnen helfen, eine gute Entscheidung zu treffen. Diese Menschen sollten auch versuchen, ihre übersinnliche Wahrnehmungsfähigkeit und ihr mediales Potenzial aufzubauen. Dies kann durch die Arbeit mit Träumen und Visualisierungen erreicht werden. Es ist auch sehr wichtig, die Zweifel, Ängste und Unentschlossenheit zu überwinden, die häufig mit dieser Eigenschaft einhergehen.

Die Seelenmotivationszahl 3

Menschen, die eine Seelenmotivationszahl 3 besitzen, sind besonders talentiert beim Ausleben Ihrer Emotionen, wodurch sie die Welt mit anderen, subtileren Sinnen wahrnehmen können. Diese Menschen sind mit einer ausgeprägten Intuition gesegnet, einer einzigartigen Verbindung zu höheren Energiequellen und einem tiefen Verständnis für den universellen Plan. Menschen mit der Seelenmotivationszahl 3 sind eingeladen, sich ihren Gefühlen hinzugeben und auf subtile Weise mit der Welt um sie herum zu kommunizieren. Sie verstehen, dass sie in erster Linie mit dem Herzen sehen müssen, wenn sie die Realität um sich herum voll und ganz interpretieren wollen. Ihr Einfühlungsvermögen erlaubt es ihnen, Fähigkeiten tiefer zu verstehen und so unsichtbare Heilkräfte zu aktivieren. Das Bewusstsein, das sie über die energetische Natur ihres Seins haben, hilft ihnen, tiefer mit den höheren Energien in Verbindung zu treten und gleichzeitig ihre eigene Intuition und den universellen Plan in ihrem Leben zu manifestieren. Um vom vollen Potenzial der Seelenmotivationszahl 3 zu profitieren, müssen Menschen lernen, wie man achtsam durch Emotionen und Erinnerungen navigiert.

Die Seelenmotivationszahl 4

Für Menschen mit der Seelenmotivationszahl 4 kann das Leben aufregend und einladend sein. Ihr Verlangen nach Sicherheit und Kontrolle kann sie daran hindern, auf das zu antworten, was das Leben ihnen bieten kann. Aber wenn sie sich öffnen und Kraft und Sanftmut vereinen, kann es eine Welt der Freude und der Liebe öffnen. Menschen mit der Seelenmotivationszahl 4 sind bodenständige Menschen, die Ordnung und klare Strukturen benötigen. Sie sind geordnete, fleißige und disziplinierte Persönlichkeiten. Und auch wenn es manchmal schwierig sein mag, können sie sich öffnen und etwas aus all den Zuwendungen und Hilfen machen, die ihnen zuteilwerden. Sie können sich ihren Fähigkeiten und Talenten zuwenden, um ein selbstbestimmtes und erfülltes Leben zu führen. Mit der Kraft der Liebe können sie Herausforderungen meistern und sich von falschen Ideen und Ängsten befreien. Wenn sie auf die Stimme ihrer Seele hören, können sie unerwartete Wege beschreiten, die sie auf eine lohnende Reise der Inspiration und des Wachstums begleiten. Menschen mit der Seelenmotivationszahl 4 können ihr Herz schwingen lassen und ihrem Bauchgefühl folgen. Sie können auf ihren Wunsch nach einer liebevollen Partnerschaft, einer Gewissheit und einer spirituellen Entwicklung antworten. Indem sie sich vertrauensvoll auf das Leben einlassen, finden sie Frieden, Kraft und eine tiefe Freude im Moment.

Die Seelenmotivationszahl 5

Für Menschen mit der Seelenmotivationszahl 5 ist es entscheidend, das innere Glück wahrzunehmen, das eigene Tun und Handeln und die eigene Befindlichkeit zu verstehen und zu akzeptieren. Für diese Menschen ist es besonders wichtig, dass sie ihre persönliche Freiheit auf allen Ebenen leben können. Es ist ihnen sehr bewusst, dass die eigene innere Freiheit nur dann wirklich wahrgenommen werden kann, wenn sie sich von den Ansichten und Ideen anderer Personen lösen und auf ihre innere Stimme hören. Diese Personengruppe kann deshalb nur dann wirklich authentisch handeln, wenn sie ihre eigene innere Stimme verstehen, wahrnehmen und entsprechend handeln. Daher ist es besonders notwendig für diesen Menschentyp, sich selbst zu reflektieren. Wenn jemand in seine authentische Persönlichkeit hineinwächst, dann ist es ihm mehr und mehr möglich zu erkennen, wann er es besser lassen sollte, den Rat oder die Ansichten anderer Personen für sich selbst wichtig zu nehmen. Dieser Prozess erfordert eine gehörige Portion Mut und Entschlossenheit, aber auch ein attraktives Zutrauen in die eigene innere Stimme, damit das eigene Leben in Kraft und Freude Erfüllung findet. Auf eigene Gefühle zu hören und auch einmal über den eigenen Schatten zu springen, führt nicht nur dazu, dass man wachstumsfähig wird, sondern dass die eigene Persönlichkeit aufblüht. Es ist ein Geschenk für jeden Menschen, sein eigenes Leben so zu leben, wie er es gerne möchte, unabhängig von den Ideen und Ansichten anderer Menschen.

Die Seelenmotivationszahl 6

Wir alle halten nach einem Sinn im Leben Ausschau. Menschen mit der Seelenmotivationszahl 6 sind dank ihrer Intuition besonders gut darin, einen inneren Kompass zu finden, der sie zu ihrem Ziel führt. Durch entsprechende Kompetenzen wie Empathie und Intuition können diese Menschen andere begeistern und für sich gewinnen. Menschen mit der Seelenmotivationszahl 6 sind besonders daran interessiert, die Welt auf eine intuitiv wahrgenommene Weise zu erleben. Sie gehen tiefer in die Dinge ein und verlassen sich auf das, was ihnen ihr Herz sagt. Sie sind sehr empathisch und schätzen ihre Mitmenschen als Reflexion ihrer selbst. Gleichzeitig haben sie keine Angst, für ihre eigene Meinung einzustehen und für ihre inneren Werte zu kämpfen. Um ihrem Leben einen Sinn zu geben, müssen sie jedoch lernen, einen Ausgleich zwischen Geben und Nehmen herzustellen. In Bezug auf Beziehungen bedeutet dies, dass sie diese erwidern müssen. Das heißt, um wirklich glücklich zu sein, müssen sie lernen, sich auf andere Menschen einzulassen und auch Dinge zu geben, die sie anzubieten haben.

Die Seelenmotivationszahl 7

Die Seelenmotivationszahl 7 symbolisiert Vertrauen, Weisheit und Intelligenz. Menschen mit dieser Seelenmotivationszahl sind voller Energie und bereit, sich Herausforderungen zu stellen. Sie haben oft das Gefühl, übernatürliche Fähigkeiten zu besitzen und zu mehr fähig zu sein, als sie sich vorstellen können. Leider fürchten sie sich oft vor dem Versagen. Angst ist ein Symptom, das jeden dazu bringen kann, sich klein zu fühlen und seine Kräfte zu unterschätzen. Dies betrifft besonders diejenigen mit der Seelenmotivationszahl 7. Aber es ist möglich, diese Angst zu überwinden. Wenn Sie die Kraft haben, auf Ihre Verletzlichkeit und Traurigkeit einzugehen, können Sie Kraft finden und Ihre Fähigkeiten wieder entdecken. Es kann als Kampf bezeichnet werden, aber Sie müssen sich daran erinnern, dass Sie alles in Ihren Händen haben. Sie sind die Person, die entscheiden kann, in welche Richtung Sie gehen und was Sie erreichen möchten. Unabhängig davon, wo Sie sich befinden, müssen Sie lernen, sich selbst zu vertrauen. Dies bedeutet, sich selbst zu bejahen, anzunehmen, was Ihre Stärken und Schwächen sind, und vor allem, das Licht in sich selbst wiederzufinden und es nicht als schäbig oder unbedeutend zu betrachten.

Die Seelenmotivationszahl 8

Die Seelenmotivationszahl 8 steht für Führungskraft, Mut, Unabhängigkeit und Fairness. Menschen, die die Seelenmotivationszahl 8 in sich tragen, verstehen die Bedeutung des Handelns mit Macht und den Wert gerechter Beziehungen. Sie wissen, dass man erntet, was man sät und sie sind dafür bekannt, wertvolle Ratschläge zu geben, wenn es darum geht, Entscheidungen zu treffen oder Ziele zu erreichen. Sie werden als fähige und höchst kompetente Führungspersönlichkeiten erkannt und geachtet. Sie sind in der Regel bekannt für ihre Beständigkeit und Fairness. Ihnen liegt es fern, zurückhaltend zu sein und wenn es notwendig ist, können sie eine klare Meinung äußern. Da sie es verstehen, die eigene Macht zu kanalisieren und nicht als allwissend zu erscheinen, ermöglichen sie es anderen, ehrliche Beziehungen aufzubauen und tiefe Verbindungen einzugehen. Menschen mit der Seelenmotivationszahl 8 sind dazu bereit, ihre Kämpfe und Bedenken zu teilen, aber sie geben nie auf, wenn es um die Liebe oder faire Beziehungen geht. Sie finden angesichts der Herausforderungen, auf die sie treffen, die richtigen Worte, um ihren Standpunkt zu stärken und ihren Partnern einen Sinn für Vertrauen und Loyalität zu vermitteln.

Die Seelenmotivationszahl 9

Für Menschen mit der Seelenmotivationszahl 9 bietet das Leben emotionale Höhen und Tiefen. Da sie ein besonders anspruchsvolles Streben nach Perfektion haben, suchen sie nach dem inneren Frieden und einem größeren Sinn für ihr Leben. Um zu verstehen, wie man diesen inneren Frieden erreichen kann, müssen sie ihre Ungeduld und Rastlosigkeit überwinden und sich durch ihr eigenes Herz leiten lassen. Ihr Streben nach Perfektion hat sie angeregt, immer mehr und immer bessere Ergebnisse zu erzielen und sich selbst mehr zuzutrauen. Dadurch leiden Menschen mit der Seelenmotivationszahl 9 oft unter Emotionen der Unzufriedenheit, weil sie nie ganz zufrieden sind mit dem, was sie erreicht haben. Als Ergebnis davon kommt die starke Neigung zur Rastlosigkeit und Ungeduld. Indem sie sich mehr auf ihre Gefühle und ihr eigenes Herz konzentrieren, statt auf äußere Befriedigung, kann man einen tieferen, bedeutungsvolleren Sinn für das eigene Leben finden. Wenn man sein Wissen über sich selbst vertieft, kann man auch herausfinden, welche Wünsche und Träume man verfolgen möchte. Indem man sich durch seine eigene Intuition und sein Herz leiten lässt und äußere Befriedigungen ersetzt durch ein echtes Gefühl des inneren Friedens, wird man auf dem Weg zu einem tieferen und sinnvolleren Leben angeleitet.

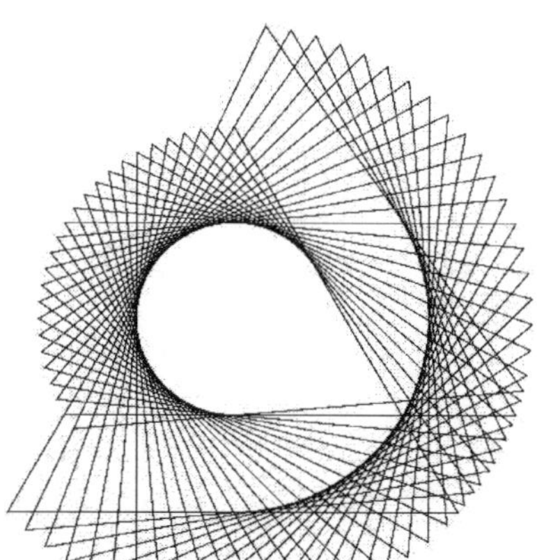

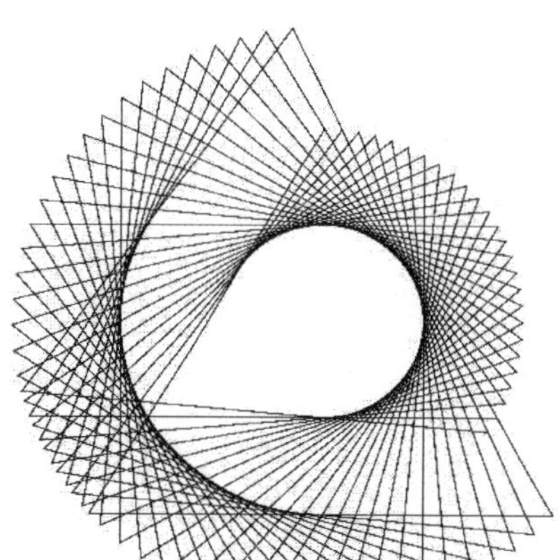

Schicksalswegzahl

Wir alle träumen davon, dass unser Leben ein reibungsloser, erfolgreicher Weg sein wird. Wir versuchen, immer näher an unser Ziel zu kommen und es dann auch zu erreichen. Viele Menschen haben jedoch Mühe, ihren eigenen Weg zu finden. Die Schicksalswegzahl ist der Weg zum Ziel, den wir uns alle erarbeiten müssen. Sie ist eine Reise des Lebens. Sie ist der Pfad, auf dem wir uns selbst besser kennenlernen und mehr über uns herausfinden. Sie ist ein Weg voller Erfahrungen, Herausforderungen und der Erkenntnis. Die Schicksalswegzahl lehrt uns, wer wir sind, wozu wir in der Lage sind und was unser Ziel in diesem Leben ist. Sie ist ein Prozess des Lernens. Wir müssen uns der Herausforderung stellen, die verschiedenen Rätsel, die vor uns liegen, zu lösen. Es ist wichtig zu beachten, dass unser Schicksalsweg nicht unser Schicksal ist. Stattdessen ist es eine Richtlinie, die uns zeigt, welche Herausforderungen und Chancen wir auf unserem Weg erwarten können. Durch das Verständnis unseres Schicksalsweges können wir uns besser darauf vorbereiten, diese Herausforderungen zu meistern und das Beste aus unseren Chancen zu machen.

Berechnung der Schicksalswegzahl

Um die Zahl Ihres Schicksalswegs zu erhalten, müssen Sie im ersten Schritt die Summe aus Ihrer Herzenszahl und Ihrer Persönlichkeitszahl bilden. Anschließend wird das Ergebnis auf eine einstellige oder eine Doppelzahl reduziert. Die Schicksalswegzahl muss identisch mit der Namenszahl sein. Andernfalls ist dies ein Hinweis darauf, dass Sie sich irgendwo verrechnet haben und Sie sollten sich Ihre Zahlen noch mal anschauen.

Hier ein Beispiel: Herzenszahl = 5 ; Persönlichkeitszahl = 7

Also: 5 + 7 = 12 = 1 + 2 = 3

In diesem Beispiel hat die Schicksalswegzahl die Zahl 3.

Bedeutung der Zahlen des Schicksalswegs

Die Schicksalswegzahl 1

Es ist nicht leicht, ein Pionier des Schicksalswegs zu sein. Menschen mit der Zahl 1 befinden sich in einem besonderen und ehrgeizigen Umfeld, in dem sie ihre Fähigkeiten im Vergleich zu anderen testen und Frustration durch einen Mangel an Selbstbewusstsein und Selbstvertrauen erfahren. Diese Menschen haben die Kraft, Probleme zu lösen und sich vorwärtszubewegen. Diejenigen, die einen Sinn für ein aufregendes Abenteuer haben, stehen vor der Herausforderung, sich durchsetzen zu können und sich eigenständig zu machen. Wenn unser Schicksalsweg die Zahl 1 ist, dann sind wir selbstbewusst und unabhängig und haben die Fähigkeit, Führung zu übernehmen. Es ist wichtig, dass sich die Menschen mit der Zahl 1 immer darüber im Klaren sind, dass sie ferne Ziele erreichen können und sich das Selbstvertrauen geben, sie zu erreichen. Es ist auch entscheidend, dass sie sich der Welt offenbaren und ihre Ideen teilen. Die Menschen mit der Zahl 1 müssen bereit sein, ihre Meinung zu vertreten, um auch als selbstbewusste Pioniere anerkannt zu werden.

Menschen mit der Schicksalswegzahl 1 sind visionäre Pioniere. Ihre Kraft liegt in der Fähigkeit, anderen zu helfen und als inspirierendes Vorbild zu agieren. Sie brauchen nur Mut, um diejenigen zu führen, die ihnen folgen und sich selbst zu vertrauen. Mit Selbstbewusstsein und Liebe setzen sie sich durch und erreichen großartige Dinge.

Die Schicksalswegzahl 2

Menschen mit der Zahl 2 des Schicksalswegs sind besondere Menschen, die mit sensibler Intuition und medialer Begabung ausgestattet sind. Somit sind sie spirituelle Meister ihres eigenen Weges und Vermittler zwischen den Welten. Diesen Menschen ist es bestimmt, die Weisheit zu erkennen und sie anderen zu vermitteln. Sie sollten auch in der Lage sein, die subtilen Energien des Universums wahrzunehmen, was es ihnen ermöglicht, in Gruppen zu kooperieren und andere zu unterstützen. Sie verstehen die Bedeutung von Liebe, Verständnis und Positivität und vermitteln diese Energie in jedem Moment des Lebens. Für solche Menschen gibt es Momente, in denen Ängste an die Oberfläche kommen, aber sie können diese Situationen als Einladung verstehen, sich selbst besser kennenzulernen und still in sich hineinzuhören. Unter der Oberfläche der Angst lauern die wahren Bedürfnisse und Sehnsüchte des Menschen, die manchmal nur durch Loslassen angesprochen werden können.

Menschen mit der Schicksalswegzahl 2 haben eine einzigartige Gelegenheit, anderen zu helfen, indem sie eine Brücke zwischen dem Kummer dieser Welt und dem Licht und der Liebe schlagen, die sich dahinter verbirgt. Sie können den Menschen helfen, ihre innere Weisheit wiederzuentdecken, sich selbst zu lieben und die Bedeutung des positiven Denkens und Handelns zu verstehen. Diese Menschen sind spirituelle Meister und Vermittler – sie sind die Feuerwehrleute und Sanitäter des Geistes.

Die Schicksalswegzahl 3

Menschen mit der Schicksalswegzahl 3 besitzen eine unglaubliche Kreativität und können schöpferische Energie nutzen, um zu leben und zu lieben. Sie nehmen die Fähigkeit an, ein denkender, fühlender und liebender Mensch zu sein. Sie lernen, ihre Visionen und Ziele zu verfolgen. Menschen mit der Schicksalswegzahl 3 haben oft ein anderes Verständnis für das, was ein gutes Leben ausmacht, und betrachten Veränderungen als eine Möglichkeit, sich selbst neu zu erfinden. Dieser Schicksalsweg ist ein großer Plan, der uns lehrt, uns selbst zu lieben und uns vorzubereiten, um unsere Träume und Wünsche zu erfüllen. Menschen mit der Schicksalswegzahl 3 müssen sich erlauben, ein selbst unterstützendes, glückliches und befriedigendes Leben zu führen. Wir müssen uns Zeit nehmen, um über uns selbst nachzudenken und unser positives Denken zu verstärken. Wir müssen uns auch erlauben, unseren Enthusiasmus zu nutzen, um das Leben zu gestalten.

Die Zahl 3 des Schicksalswegs ist ein Geschenk für diejenigen, die sie annehmen und bewusst leben. Mit Kreativität und Energie ermutigt, sollten wir uns erlauben, ein zufriedenes und erfülltes Leben zu führen. Wenn wir den Mut haben, unser volles Potenzial zu entfalten und zu wachsen, werden wir uns mit neuer Einsicht, neuer Zufriedenheit und neuer Freude belohnen.

Die Schicksalswegzahl 4

Menschen, die lernen, wie sie die Zahl 4 des Schicksalswegs konsequent in ihrem Leben und in ihrer täglichen Arbeit einsetzen, haben ein gewisses inneres Wissen entwickelt, wodurch sie Freude, Liebe und Motivation darin finden, was immer sie anpacken. Sie setzen sich nicht dem äußeren Lohn oder der Anerkennung anderer aus, sondern finden die Zufriedenheit innerhalb von sich selbst. Menschen mit der Zahl 4 des Schicksalswegs sind strukturiert und zielorientiert. Ihr Denken ist darauf ausgerichtet, produktives Arbeiten zu ermöglichen. Sie arbeiten effizient und konzentrieren sich auf konkrete Aufgaben. Sie sind darauf bedacht, die Dinge rechtzeitig zu erledigen. Sie bringen die Aufgaben auf den Punkt, planen sie und setzen sie dann in die Tat um. Sie teilen ihre Aufgabenliste in kleine Teilaufgaben auf, die sie leichter erledigen können. Gleichzeitig ist es für Menschen mit der Schicksalswegzahl 4 wichtig, flexibel zu bleiben. Auch wenn die Strukturiertheit für sie ein wichtiges Merkmal ist, sollten sie auch immer Platz für Veränderungen lassen, sich nicht in Details verlieren und sich nicht übermäßig mit den kleinen Dingen beschäftigen. Es ist wichtig, dass sie auf die Veränderungen mit Flexibilität und Kreativität reagieren. Dadurch erhalten sie ein optimales Ergebnis und verlieren nicht den Fokus auf die wichtigsten Aufgaben. Sie sollten immer ein Gespür für die neue Dynamik bewahren und schnell und konstruktiv auf Änderungen reagieren.

Für Menschen mit der Zahl 4 des Schicksalswegs bedeutet es, praktisch und strukturiert vorzugehen, aber gleichzeitig offen für Veränderungen und neue Ideen zu sein. Es ist wichtig, dass sie motiviert den ersten Schritt machen, was immer sie auch tun, und ihre Arbeit mit Liebe und Freude verrichten, ohne ein Lob oder Anerkennung von außen zu erwarten. Mit der richtigen Ausrichtung können Sie eine zufriedene und erfüllte Existenz führen.

Die Schicksalswegzahl 5

Für Menschen mit der Zahl 5 des Schicksalswegs ist das Leben ein Abenteuer. Sie glauben an persönliche Freiheit und daran, dass sie in jedem Moment bereit sein müssen, flexibel zu agieren und ihren eigenen Weg zu gehen. Durch ihre Fokussierung auf ihre Passion können sie es nicht nur schaffen, ein erfülltes und glückliches Leben zu führen, sondern sie erhalten auch tiefgreifende Einsichten in sich selbst. Menschen mit der Schicksalswegzahl 5 orientieren sich an der Gegenwart, sie sind im Hier und Jetzt. Das bedeutet, dass man in den Moment eintaucht, aufmerksam wird und wahrnimmt, was es im Moment zu erleben gibt. Es bedeutet auch, jeden Gedanken zu reflektieren und zu sehen, ob es eine Richtung vorantreibt oder eben nicht. In diesem Fall ist es wichtig, auf die innere Stimme zu hören und danach zu handeln. Wenn Sie im Moment präsent sind, werden Sie viel mehr bemerken. Manchmal bemerken sie Dinge, die Ihnen Unbehagen bereiten. Es kann ein Gefühl der Angst, Groll, Scham oder Traurigkeit sein. Diese Gefühle können nicht vermieden werden. Man muss sie annehmen und zulassen, damit sie verschwinden können. Dadurch werden Sie bewusst und haben die Macht, neue Entscheidungen zu treffen, die Ihnen helfen, mehr persönliche Freiheit zu leben. Wenn man im Jetzt bleibt, werden Entscheidungen immer leichter. Jeder Gedanke und jede Aktion eröffnet neue Möglichkeiten. Manchmal ist es schwierig, eine Entscheidung zu treffen, aber wenn man erkennt, dass jede dieser Entscheidungen die Zukunft beeinflussen kann, lohnt es sich, sich die Zeit zu nehmen, um alle Optionen zu prüfen.

Menschen mit dieser Schicksalszahl bevorzugen ihre persönliche Freiheit, aber der Schlüssel, um sie wirklich zu leben, liegt im Jetzt. Sie akzeptieren die Gefühle, die ihr Leben bereichern, und gehen mit jedem Gedanken und jeder Aktion vorsichtig um.

Die Schicksalswegzahl 6

Menschen, die die Zahl 6 des Schicksalswegs haben, lieben ihr Zuhause und ihre Familie auf eine ganz besondere Weise. Sie schätzen und lieben friedliche, harmonische Beziehungen, in denen Mitgefühl und Unterstützung vorherrschen. Diese Menschen sind daher in der Lage, andere zu lieben, zu lehren, zu unterstützen und Trost zu spenden. Das Streben nach Liebe und Mitgefühl ist ein wesentlicher Bestandteil des Lebens dieser Menschen. Sie sind sich bewusst, dass jeder Tag zählt und sie deshalb jeden Tag lieben und schätzen sollten, als ob es der letzte wäre. Gemäß ihrem Schicksalsweg gilt es, anderen mit Mitgefühl und Freundlichkeit zu begegnen und so ihren Beitrag zu einer harmonischen und liebevollen Gesellschaft zu leisten. Darüber hinaus erkennen Menschen, die die Zahl 6 des Schicksalswegs haben, ihre natürliche Sexualität an. Sie betrachten die Liebe und Sexualität als wertvolle Aspekte des Lebens und fühlen sich durch sie zu ihrer Bestimmung hingezogen. Diese Menschen erkennen an, dass sie in der Lage sind, aufrichtige Liebe zu geben und zu verdienen und sie betrachten sie als ein wertvolles Geschenk.

Die Schicksalswegzahl 6 wird mehr als alles andere von Liebe und Mitgefühl geprägt. Diese Menschen schätzen Verständnis, Fürsorge und Mitgefühl. Sie versuchen, andere zu unterstützen, zu lieben und zu schützen. Ein Gleichgewicht zwischen Liebe und Sexualität stellt sicher, dass sie ihrem Schicksalsweg treu bleiben und eine Quelle des Trostes und der Freude für andere sind.

Die Schicksalswegzahl 7

Die Schicksalswegzahl 7 ist eine sehr magische und spirituelle Zahl. Diese Menschen scheinen ein unglaubliches Gespür für die Wahrheit zu haben. Sie können es spüren, wenn Dinge nicht ganz ehrlich sind und es gilt für sie, dieses Urvertrauen zu erkunden, den direkten Weg nach innen zu finden und immer wieder neue Wege nach ihrer Intuition zu gehen. Menschen mit der Zahl 7 des Schicksalswegs fühlen sich in der Stille und der Meditation am wohlsten. Dort können sie ihre eigene Intuition entwickeln und erkennen, was sie wirklich wollen. Die Stille und Meditation verhelfen ihnen dazu, einfacher und effektiver mehr über das Leben zu erfahren. Die Zahl 7 hilft ihnen auch, ihre Fähigkeit, die Wahrheit in der Welt zu erkennen, noch besser zu nutzen. Für diese Menschen besteht die Kunst darin, das Gleichgewicht der Energien und der Ereignisse stets zu bewahren. Alles, was ankommt, kommt unter dieser Zahl zu einem Ausgleich. Dies geschieht auf eine harmonische Weise, da die Zahl 7 spirituell und emotional geladen ist.

Menschen mit der Zahl 7 des Schicksalswegs können die Kraft der Zahl 7 nutzen, um wieder eine Verbindung zu ihrer Intuition herzustellen. Diese Zahl ist eine Einladung, sich auf das zu besinnen, was in ihrem Herzen liegt und die Energie, die sie durch die Stille gefunden haben, in ihrem täglichen Leben auf dem Weg nach innen anzuwenden.

Die Schicksalswegzahl 8

Menschen mit der Zahl 8 des Schicksalswegs neigen dazu, mit einem unerschütterlichen Sinn für Wahrheit und Gerechtigkeit ausgestattet zu sein. Dies hilft ihnen, auf ihrem Schicksalsweg erfolgreich zu sein, da sie in der Lage sind, Prioritäten wahrzunehmen und sich diszipliniert zu verhalten. Diese Fähigkeiten können aber auch dazu beitragen, dass sie sich überarbeitet fühlen und nicht oft genug daran denken, dass das Leben auch erfreulich und voller Lachen sein sollte. Glücklicherweise ist es möglich, beim Erreichen der eigenen Ziele Freude zu empfinden und zu lernen, mit herrlicher Leichtigkeit durchs Leben zu gehen. Eines der wichtigsten Dinge, die Sie dazu benötigen, ist Vertrauen in sich selbst und in das Universum, da es Ihnen hilft, sowohl auf dem Weg der Expansion und des Wachstums als auch auf dem Weg der Stille, Kraft und ermutigende Unterstützung zu erhalten. Menschen mit der Schicksalswegzahl 8 sind weise und friedliche Gefährten, die lernen, sich selbst und anderen Gutes zu tun. Indem Sie jeden Tag etwas Zeit dafür nutzen, in sich zu gehen und Ihren inneren Kompass zu benutzen, können Sie harmonisch und in Frieden leben. Ebenso ist es wichtig, sich immer wieder daran zu erinnern, dass es normal und notwendig ist, sich Zeit zum Spielen, Spaß haben und entspannen zu nehmen. Dies wird Ihnen helfen, Ihren Schicksalsweg leichter zu gestalten und mehr Zeit mit den Menschen und Tätigkeiten zu verbringen, die Ihnen wirklich Freude bereiten.

Menschen mit der Zahl 8 auf ihrem Schicksalsweg können sich hoch begehrte Eigenschaften wie Wahrheit, Gerechtigkeit und Organisation zunutze machen. Darüber hinaus können sie lernen, die Expansion und das Wachstum zu nutzen, um ihre Ziele zu erreichen.

Die Schicksalswegzahl 9

Menschen mit der Schicksalswegzahl 9 haben die Fähigkeit, die universelle Liebe zur Menschheit und zur gesamten Schöpfung zu erfahren und zu leben. Diese Menschen fühlen sich berufen, ihre weise und selbstlose Natur zu nutzen, um anderen zu helfen. Doch der Weg dorthin ist nicht leicht, denn wie jede Herausforderung im Leben, wird auch ein Schicksalsweg mit der Zahl 9 durch viele Prüfungen und Veränderungen gekennzeichnet sein. Menschen mit der Zahl 9 des Schicksalsweges machen eine Reise der Erkenntnis und betreten neue Welten. Sie ergründen die verschiedenen Facetten der Liebe. Sie sind sensibel für die Bedürfnisse anderer, reagieren voller Mitgefühl und sind ein Vorbild für Menschen in Not. Diese Einladung an ihre Schicksalsreise bedeutet, dass sie ihre natürlichen Fähigkeiten nutzen müssen, um Solidarität zu üben, wahre Freundschaft zu entwickeln und keine Vorurteile zu haben. Diese Menschen müssen sich für Gerechtigkeit einsetzen, dürfen nicht nur träumen, sondern müssen auch bereit sein, konkrete Schritte zu unternehmen. Dieses Ross der Freiheit möchte, dass Sie sich Ihrem wahren Selbst widmen, an Ihrer inneren Stärke arbeiten, altes loslassen und sich nicht beirren lassen. Sie haben die Chance, ihren Beitrag an die Welt zu leisten und Gemeinschaften zu erschaffen, in denen sich jeder willkommen fühlt.

Menschen im Schicksalsweg mit der Zahl 9 werden zu Vorbildern und Inspirationen für andere. Sie zeigen Mut und Respekt und geben den Menschen Hoffnung. Diese Menschen können es hinbekommen, durch Tapferkeit, Kraft und des Mitgefühls eine friedliche und liebevolle Welt zu erschaffen. Sie leben, um anderen zu helfen und werden Zeugen, wie die Liebe in der Welt wächst.

Lebenszielzahl

In unserem Leben gibt es viele Dinge, die uns formen und uns einen Sinn geben. Eine davon ist die Lebenszielzahl. Die Lebenszielzahl ist eine Kombination aus unserem Namen und unserem Geburtstag und zeigt uns, was in unserem Leben wirklich wichtig ist. Unsere Eltern geben uns bei unserer Geburt einen Namen, der ein Teil unserer Identität ist. Das kosmische Karma spiegelt dagegen unseren Geburtstag wider, an dem wir auf die Welt gekommen sind. Zusammen ergeben diese Zahlen unsere Lebenszielzahl, die uns zeigt, was uns im Leben wirklich motiviert und was unser Ziel ist. Dabei wird die zweite Lebenshälfte, ab dem 35. Lebensjahr, betrachtet. Die Lebenszielzahl zeigt uns, was wir erreichen und umsetzen sollten, um glücklich und erfüllt zu sein. Sie ist ein Wegweiser für uns, um sicherzustellen, dass wir auf dem richtigen Pfad sind und dass wir nicht von unseren Zielen abkommen. Ebenso zeigt uns diese Zahl, was wir im Innersten wirklich wollen und wonach wir streben. Wir erfahren unsere Möglichkeiten, wie wir unsere Spuren in der Welt hinterlassen und wie wir unsere Talente und Fähigkeiten am besten einsetzen können, um unser Lebensziel zu erreichen.

In diesem Sinne kann die Lebenszielzahl als motivierendes Werkzeug verwendet werden, um uns daran zu erinnern, was wirklich wichtig ist und um uns auf unserem Weg zu unserem Ziel zu unterstützen. Indem wir unser Lebensziel kennen, können wir uns selbst besser verstehen und unser Leben in eine Richtung lenken, die uns glücklich und erfüllt macht.

Berechnung der Lebenszielzahl

Die Lebenszielzahl errechnet sich aus der Summer von Namenszahl und Schicksalswegzahl.
Hier ein Beispiel: Namenszahl = 9 ; Schicksalswegzahl = 9

Also: 9 + 9 = 18 = 1 + 8 = 9
Bei dieser Berechnung erhalten wir als Lebenszielzahl die 9.

Bedeutung der Lebenszielzahlen

Die Lebenszielzahl 1 – Was ist das Lebensziel und wie erreichen Sie es?

Als Menschen mit der Lebenszielzahl 1 möchten wir uns selbst darin bestärken, uns in jeder Situation aufzurichten und das Beste aus uns selbst herauszuholen. Wir sind uns unserer eigenen Stärke bewusst und wollen unsere Ideen mit der Welt teilen. Unsere Bestimmung ist es, mit Selbstvertrauen zu leben und an uns selbst zu glauben, um die Lebensweisheit mit anderen zu teilen. Es ist eine Herausforderung, in schwierigen Zeiten zu sich selbst zu stehen und der inneren Kraft zu folgen. Um unsere innere Stärke zu entdecken, müssen wir bereit sein, uns offen auf unsere Gefühle und Inspirationen einzulassen. Daher müssen wir uns die Zeit nehmen, in unserem Herzen und der Seele zu ruhen und uns darin treiben zu lassen. Es ist vor allem wichtig, unseren Weg zu stärken, damit wir stabil und fokussiert bleiben, während wir uns auf die kosmische Energie einstellen. Die beste Möglichkeit, uns darauf zu konzentrieren, wie wir unsere Visionen verfolgen möchten, besteht darin, uns zu erlauben, uns der Kreativität und Inspiration im Universum zu öffnen. Darüber hinaus können wir eine tiefe, stabile Verbindung zum kosmischen Willen aufbauen, die uns Mut gibt, in uns selbst und in unserer spirituellen Kreativität zu wachsen. Indem wir uns aktiv auf unsere eigene Weisheit besinnen und unsere Ideen mit anderen teilen, können wir helfen, die Weisheit im Universum zu verstehen. Wir können andere dazu inspirieren, sich in ihren eigenen Fähigkeiten und Ideen zu vertiefen, um ihre eigene Lebensaufgabe zu leben.

Lebenszielzahl 2 – Was ist das Lebensziel und wie erreichen Sie es?

Die Lebenszielzahl 2 ist ein Indikator dafür, dass es das Ziel dieser Menschen ist, tiefe Einsicht zu erlangen, stabil und mit beiden Beinen im Leben zu stehen sowie anderen zu helfen und zu lehren. Dazu müssen diese Menschen lernen, auf ihre innere Stimme zu hören, ihr zu vertrauen und die Eindrücke nach außen zu vermitteln. Es ist auch wichtig, dass sie sich mit außersinnlichen Wahrnehmungen auseinandersetzen und versuchen, diese in ihren Alltag zu integrieren. Um ihr Lebensziel zu erreichen, müssen die Menschen mit der Lebenszielzahl 2 lernen, auf ihren inneren Kompass zu hören. In harten und unerwarteten Zeiten ist dies besonders wichtig. Wenn man tiefe Einsichten erlangen und zentriert im Leben stehen möchte, dann ist es entscheidend, den Mut zu haben, anderen zu helfen und sie anzuleiten. Dies ist eine sehr lohnende Aufgabe und kann sehr aufbauend sein, aber sie ist auch anstrengend. Daher ist es wichtig, dass die Menschen motiviert bleiben, sich schützen und erholen. Einige Menschen mit der Lebenszielzahl 2 können davon profitieren, indem sie in Meditationen, Yoga Kursen und spirituellen Seminaren vorbeischauen. Auf diese Weise können sie wichtige Einsichten, Energie und Wissen gewinnen, die ihnen helfen, ihr Lebensziel zu erreichen.

Lebenszielzahl 3 – Was ist das Lebensziel und wie erreichen Sie es?

Für Menschen mit der Lebenszielzahl 3 ist es besonders wichtig, einen einfachen und befriedigenden Weg zu finden, um den Sinn des Lebens zu erkennen. Menschen mit der Lebenszielzahl 3 halten ständig nach einem Weg Ausschau, den Sinn des Lebens zu greifen. Es gibt viele Möglichkeiten, wie sie das erreichen können: Sie können sich mit der spirituellen Lehre beschäftigen, meditieren oder Yoga oder andere alternative Methoden ausprobieren. Aber sie können noch einen einfacheren Weg einschlagen: ihr kreatives Talent nutzen. Um mehr Wahrheit und Selbsterkenntnis im Leben zu erreichen, sollten Menschen mit der Lebenszielzahl 3 all das nutzen, was sie ihnen zur Verfügung steht, z. B. Poesie, schreiben, musizieren, malen oder fotografieren. All diese Dinge helfen ihnen, sich und ihre Umgebung besser zu verstehen und so den Sinn des Lebens zu erkennen. Menschen mit der Lebenszielzahl 3 sind aufgefordert, sich auf vielfältige Weise Ausdruck zu verleihen. Indem man das eigene kreative Talent ausschöpft, kann man letztlich den Sinn des Lebens erkennen und mehr Selbstbewusstsein erlangen. Wir müssen verstehen, dass die Veränderung, nach der wir suchen, alles ist, was wir kontrollieren können.

Lebenszielzahl 4 – Was ist das Lebensziel und wie erreichen Sie es?

Menschen mit der Lebenszielzahl 4 haben das Ziel, das Leben in jeder Hinsicht zu genießen, keinen Mangel zu empfinden und das Geben und Nehmen in Balance zu halten. Das Leben zu genießen bedeutet, dass wir dafür offen sein müssen, die schönen Dinge zu sehen und zu schätzen. Wir müssen uns selbst lieben und schätzen lernen, sodass wir uns annehmen und Mitgefühl für die Menschen um uns herum zeigen können. Außerdem müssen wir uns bemühen, uns nicht mithilfe anderer oder materieller Dinge glücklich und erfolgreich fühlen zu müssen. Stattdessen sollten wir versuchen, uns so zu akzeptieren, wie wir sind, und so zufrieden zu sein, wie es möglich ist. Mangeldenken aufzulösen bedeutet, dass Menschen Dinge nicht als Mangel betrachten sollten, sondern als eine Herausforderung oder eine Möglichkeit, um zu wachsen. Sie sollten anstatt eines Mangels etwas Kreatives und Innovatives schaffen. Sie sollten nicht nur ihren eigenen Standpunkt übernehmen, sondern auch den anderen zuhören und sie verstehen, um ein gesundes Gleichgewicht zu finden. Alles Leben auf dieser Welt ohne Restriktionen oder Grenzen anzunehmen bedeutet, dass Sie lernen müssen, dass jeder Mensch einzigartig ist und seine eigenen Stärken, Schwächen, Talente und Fähigkeiten besitzt. Es ist wichtig, diese Fähigkeiten und Talente zu schätzen und den Mitmenschen zu erlauben, alles zu erreichen, was sie wollen, ohne negative Kritik oder Einschränkungen, die sie behindern.

Lebenszielzahl 5 – Was ist das Lebensziel und wie erreichen Sie es?

Menschen mit der Lebenszielzahl 5 sind ständig auf der Suche nach Wegen, um den Herausforderungen des Lebens gerecht zu werden, Freiheit und Entfaltung auf allen Ebenen zu erreichen und sich selbst treu zu bleiben. Mit ihrer Fähigkeit, die Dinge anders wahrzunehmen und für sie einzustehen, können sie oft die Lösungen finden, nach denen sie suchen. Mit ihrer Sichtweise können sie verschiedene Optionen sehen, die anderen vielleicht verborgen bleiben. Als Erstes können sie Veränderungen begrüßen, statt sich von ihnen bedroht zu fühlen, und damit neue Wege entdecken. Außerdem können sie innere Stärke und Kreativität entwickeln, um mit unerwarteten Situationen umzugehen. Selbst schwierige Entscheidungen können sie mit klarem Verstand treffen. Darüber hinaus können sie das Beste aus jeder Handlung machen. Wenn sie sich Schwierigkeiten stellen, können sie viel für die Zukunft lernen. Mit einem offenen Sinn für Kompromisse, Nachgiebigkeit und Kraft können sie konstruktive Lösungen finden. Und wenn sie ihr

Handeln reflektieren, können sie mehr über sich selbst lernen und frische Ideen entwickeln, welche sie auf dem Weg zu mehr Freiheit unterstützen.

Lebenszielzahl 6 – Was ist das Lebensziel und wie erreichen Sie es?

Menschen mit der Lebenszielzahl 6 haben ein Ziel: Verantwortung für sich und die Mitmenschen zu übernehmen. Mit Liebe und Achtsamkeit müssen sie anerkennen, dass alles in einem einzigen Kreislauf verbunden ist. Das bedeutet, dass jedes Wesen, ob Mensch, Tier oder Pflanze, Teil eines Ganzen ist und Aufmerksamkeit und Fürsorge verdient. Wenn eine Person diese Aufgabe erfolgreich erfüllt, kann sich die Welt dauerhaft verbessern. Einmal von Natur aus eine tiefe Liebe und Verantwortung für andere zu empfinden ist nicht etwas, das jeder kann. Bei Menschen mit der Lebenszielzahl 6 handelt es sich aber um eine besondere Gruppe. Diese Menschen sind missioniert, die Liebe, das Mitgefühl und die Verantwortung zu fördern. Für diese Menschen ist es wichtig, aufmerksam zu sein und das Gute auf der Welt zu unterstützen. Sie müssen den Weg austesten, um etwas Besseres für sich und andere zu erreichen. Indem sie anderen helfen, nimmt dieses unerschütterliche Gefühl der Verantwortung eine Bedeutung an. Sie können anderen dabei helfen, sich ihrer Ziele und Träume bewusst zu werden und diese zu verfolgen. Sie können sich selbst und anderen eine Stimme geben, die Energie und Stärke zu fördern. Dies sind die Dinge, nach denen ein Mensch mit der Lebenszielzahl 6 strebt. Mit Respekt und Rücksicht stehen sie für die Rechte und Freiheiten der kleinen Dinge in der Welt. Das heißt, dass sie sich um diejenigen kümmern, die sie am meisten benötigen. Sie verstehen, dass es nicht nur um sie selbst geht, sondern auch um ihre Mitmenschen. Diese Welt zum Besseren zu verändern ist ihre Bestimmung und sie werden alles in ihrer Kraft stehende tun, um dieses Ziel zu erreichen.

Lebenszielzahl 7 – Was ist das Lebensziel und wie erreichen Sie es?

Menschen mit der Lebenszielzahl 7 haben die Aufgabe, die Wahrheit im Herzen zu finden und die Realität ihrer geistigen Welt anzuerkennen. Neben der illusorischen materiellen Welt existiert die spirituelle Wirklichkeit, die bis heute nur wenige ergründet haben. Um die Wahrheit über unseren spirituellen Zustand zu erfahren, ist es erforderlich, loszulassen. Nur so können wir uns auf unserem Weg zur Wirklichkeit befreien. Der Weg zur Wahrheit und zur Realität der geistigen Welt folgt keinem traditionellen Weg. Dieses Ziel zu erreichen erfordert viel mehr als nur Studien und Bücher. Menschen mit der Lebenszielzahl 7 müssen ihre Gefühle überprüfen, um nicht mehr in Ängsten und Unsicherheiten gefangen zu sein, die uns von der Wahrheit fernhalten. Es ist auch wichtig, sich Zeit zu nehmen, um über unsere Lebenssituation nachzudenken und um einen besseren Einblick in unsere Lebensaufgabe zu erhalten. Der Weg ist keine leichte Aufgabe, aber er kann lebensverändernd sein, wenn man sich der Herausforderung stellt. Es muss ein Gefühl von Loslassen und ein Verständnis dafür entwickelt werden, was spirituell wahr ist. Dies erfordert Mut und eine tiefgreifende Reflexion, aber letztlich belohnt es Sie, wenn Sie durch den

Prozess des spirituellen Wachstums Ihr Ziel erreichen, die Wahrheit über sich selbst und Ihre spirituelle Realität zu erkennen.

Lebenszielzahl 8 – Was ist das Lebensziel und wie erreichen Sie es?

Die Lebenszielzahl 8 hat die Aufgabe, sich selbst und anderen Menschen zu vergeben, um die eigene Bestimmung zu leben. Menschen mit der Lebenszielzahl 8 sind in der Lage, auf Führungsniveau zu operieren und große Aufgaben zu bewältigen. Diese Menschen müssen zuerst auf ihre geistige Entwicklung achten. Veränderung und Wachstum sind ein wesentlicher Bestandteil dieser Gruppe, da es für sie sehr wichtig ist, ihren inneren Antrieb zu erforschen und ihr eigenes Wesen zu vertiefen. Es bedeutet, dass sie aufhören müssen, sich auf materielle Gewinne zu konzentrieren und stattdessen auf Authentizität und innere Visionen setzen müssen. Durch die Konzentration auf spirituelle Entwicklung können die Menschen mit dieser Lebenszielzahl die positiven Eigenschaften stärken, die ihnen zur Verfügung stehen. Diejenigen, die es schaffen, ihre inneren Gaben zu entwickeln, werden auf lange Sicht in der Lage sein, ihre Aufgaben effizienter und konstruktiver zu bewältigen. Ein weiterer wichtiger Aspekt, um die Lebenszahl 8 erfolgreich zu nutzen, ist es, persönliche Verantwortung zu übernehmen und eine proaktive Rolle zu spielen. Menschen mit dieser Zahl müssen in der Lage sein, Verantwortung zu übernehmen und die Initiative zu ergreifen. Sie müssen bereit sein, über soziale Grenzen hinweg zu denken und zu handeln, um sicherzustellen, dass man die richtige Wahl trifft und nicht nur nach der leichtesten oder bequemsten Option sucht. Es ist auch essenziell, dass Menschen mit Lebenszielzahl 8 andere Menschen unterstützen und sich selbst für andere einsetzen. Sie müssen bereit sein, auf andere zuzugehen und zu helfen, wenn nötig. Menschen mit dieser Zahl sollten sich auch die Zeit nehmen, um zu reflektieren und die Welt um sie herum wahrzunehmen. Dies kann helfen, einen tieferen Sinn zu finden und sich auf einer tiefen Ebene mit anderen Menschen zu verbinden.

Lebenszielzahl 9 – Was ist das Lebensziel und wie erreichen Sie es?

Menschen mit der Lebenszielzahl 9 stehen vor der Aufgabe, ihren eigenen individuellen Weg zu finden und ihn zu meistern. Sie haben das Ziel, eine erleuchtete Persönlichkeit zu werden, die sich durch Toleranz, Mitgefühl und Unabhängigkeit auszeichnet. Um dieses Ziel zu erreichen, müssen sie lernen, loszulassen und ihre Weltlichkeit loszuwerden. Der Weg zur Wandlung vom Egoismus zur Erleuchtung geht über viel mehr als nur eine Verhaltensänderung. Es erfordert auch eine spirituelle Erneuerung und einen achtsamen Umgang mit sich selbst. Er beginnt mit dem Verstehen des eigenen Selbst und darin, sich selbst zu lieben. Menschen mit der Lebenszielzahl 9 müssen auch lernen, in der Gegenwart anzukommen und sich aufgehoben zu fühlen. Sie müssen außerdem lernen, sich selbst zu akzeptieren, auch in schwierigen Situationen, und anderen Menschen Verständnis und Mitgefühl entgegenbringen. Sie sind dazu bestimmt, Freundschaften, Partnerschaften und andere soziale Beziehungen aufzubauen, die auf Vertrauen und

Respekt basieren. Der Weg zur Erleuchtung ist eine an sich selbst orientierte Reise. Es ist eine Reise, die mehr benötigt als das Verlassen der gewohnten Komfortzone. Menschen mit der Lebenszielzahl 9 müssen lernen, Neues zu wagen und ihre Ängste zu überwinden. Sie müssen sich auf die Größe des Universums einlassen und sich mit einer absoluten Loyalität zur Wahrheit und zur Liebe verbinden.

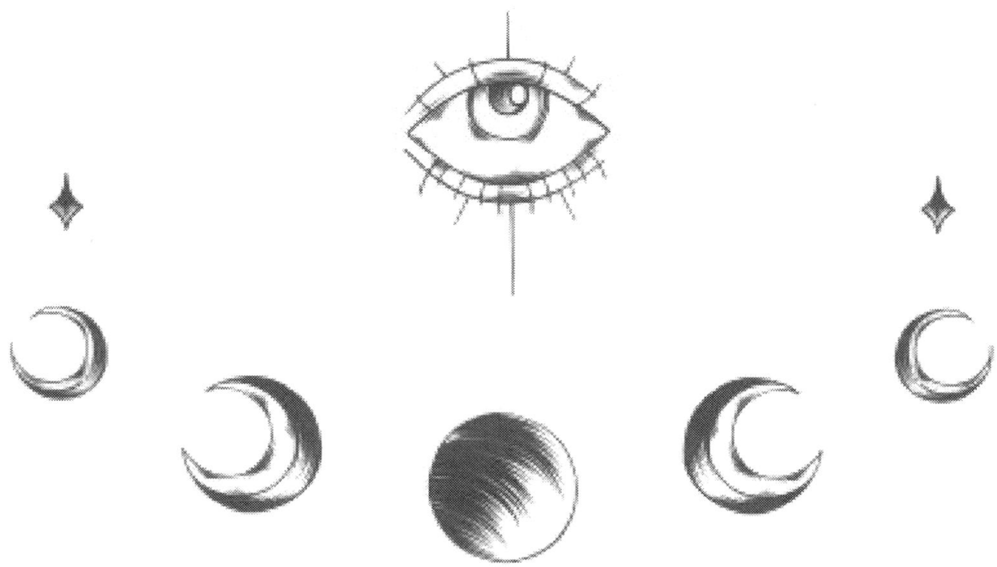

Interpretation Ihrer persönlichen Zahlen

Nachdem Sie Ihre persönlichen Zahlen berechnet haben, können Sie anfangen, Ihre Numerologie zu analysieren. Mit jeder Variante verschiedener Zahlen sehen Sie sich mit neuen Seiten Ihres Charakters konfrontiert. Anfangs überwältigt Sie das Ausmaß der Analyse vielleicht und erschafft eine Vielzahl an Möglichkeiten. Wenn Sie sich Ihren Namen und die dazugehörigen Zahlen anschauen, können Sie sich fragen, wie diese zusammenpassen. Vielleicht fühlen Sie sich angezogen von der Energie, die vom Gesamtbild ausgeht. Wenn Sie jedoch das Gefühl haben, dass etwas nicht stimmt, sollten Sie noch einmal genauer hinschauen. Manchmal ist es so, dass unsere persönlichen Zahlen nicht perfekt zusammenpassen, aber trotzdem eine harmonische Energie auf uns ausstrahlen. Dies liegt daran, dass wir alle unsere Schwächen und Stärken in uns tragen und es ist OK, wenn nicht alles perfekt ist. Wichtig ist nur, dass wir uns unserer Schwächen bewusst sind und sie als Chancen zum Wachstum und zur Reife verstehen. Viele der Aspekte, die Sie über sich selbst herausfinden, sind ziemlich aufschlussreich und passen zu den Erkenntnissen, die Sie bereits über sich selbst hatten. Allerdings sind einige der Zahlen etwas verwirrend und es ist nicht ganz klar, wie sie zusammenpassen sollen. Aber je mehr Zeit Sie mit der Analyse verbringen, desto mehr Sinn ergibt alles. Die Zahlen fangen an, ein klares Bild von Ihnen als Person zu zeichnen und Sie fühlen sich immer harmonischer mit dem Gesamtbild.

Wenn Sie gerade vor Ihrer Gesamtanalyse sitzen und die Bedeutung Ihrer persönlichen Zahlen nachlesen, dann müssen Sie viele Informationen aufnehmen und anwenden. Das fällt nicht immer ganz leicht und kann stellenweise auch irritierend sein. Zuallererst sollten Sie das Gesamtbild auf sich wirken lassen und auf Ihr Bauchgefühl hören, ohne vorher großartig in die tiefere Analyse zu gehen. Wenn Sie die Zahlen und deren Bedeutung der Reihe nach durchgehen, dann werden Sie auch eine Empfindung verspüren. Wirkt das Gesamtbild stimmig? Fühlt es sich für Sie passend an oder wirkt es eher disharmonisch? Möglicherweise waren Sie sich an der einen oder andere Stelle nicht sicher, welchen Namen oder welches Datum Sie jetzt genau wählen sollten und nun sind Sie bei der Auswertung verunsichert. Hören Sie auf Ihre erste Intuition. Wenn Sie hierbei das Gefühl haben, dass etwas nicht so richtig passt, dann kann Ihnen diese Empfindung als Kompass dienen, welche alternative Richtung Sie bei der Wahl und der Berechnung Ihrer Zahlen wählen sollten. Für den Moment sind die Zahlen so, wie sie sind und wir werden uns an die tiefere Analyse machen. Ihre Intuition gibt Ihnen einen ersten Eindruck davon, ob und inwieweit Sie im nächsten Schritt Ihre Zahlen anpassen können. Um Ihnen die Arbeit zu erleichtern und einen guten Überblick zu behalten, können Sie unsere Vorlage hinten im Buch nutzen.

Beispiel: Gesamtinterpretation

Name: Frank Theodor Zeiß
Geburtsdatum: 18.11.1975

Ihre persönlichen Zahlen

1	2	3	4	5	6	7	8	9
A	B	C	D	E	F	G	H	I
J	K	L	M	N	O	P	Q	R
S	T	U	V	W	X	Y	Z	

Vorname **Nachname**

F R A N K T H E O D O R Z E I ß (S S)

Namenszahl

6 9 1 5 2 2 8 5 6 4 6 9 8 5 9 1 1 = 87 = 8 + 7 = 15 = 1 + 5 = 6

Herzzahl

1 5 6 6 5 9 = 32 = 3 + 2 = 5

Persönlichkeitszahl

6 9 5 2 2 8 4 9 8 1 1 = 55 = 5 + 5 = 10 = 1 + 0 = 1

Geburtsdatum

1 8 1 1 1 9 7 5

Ergebnisse

Namenszahl 6
Herzzahl 5
Persönlichkeitszahl 9

Schicksalszahl 6
Geburtstagszahl 9

Schicksalswegzahl 6
Lebenszielzahl 3

Seelenmotivationszahl 7

Zur Erinnerung

Namenszahl = Alle Buchstaben durch Zahlen ersetzen und zusammenrechnen

Herzzahl = Alle Vokale durch Zahlen ersetzen und zusammenrechnen

Persönlichkeitszahl = Alle Konsonanten durch Zahlen ersetzen und zusammenrechnen

Schicksalszahl = Summe der Zahlen des Geburtsdatums

Geburtstagszahl = Quersumme des TAGES der Geburt

Schicksalsweg = Summe Herz- und Persönlichkeitszahl

Lebensziel = Summe Schicksals- und Namenszahl

Seelenmotivation = Summe Anfangsbuchstaben Vor- und Nachname

Namenszahl 5

Was verrät sie uns über Frank?

Frank ist bekannt für seine warmherzige Art, die Konfrontationen vermeidet. Mit seinem Charisma beeindruckt er jeden, der ihm begegnet. Frieden und harmonische Umgebungen sind ihm besonders wichtig. Die Menschen, die er liebt, stehen an erster Stelle in seinem Leben und er würde alles tun, um ihnen das Beste zu bieten. Sie können sich immer auf seine Unterstützung verlassen und ihm volles Vertrauen schenken. Falls Frank Kinder hat, verbindet ihn mit ihnen eine unerschütterliche Beziehung, die von unendlicher Liebe geprägt ist. Auch andere Menschen begegnet Frank mit einer offenen Haltung und Freundlichkeit, wodurch er gut kommunizieren kann. Besucher begrüßt er stets mit Freude und ist ein hervorragender Gastgeber. In der Gestaltung seines Zuhauses legt er viel Leidenschaft und Aufmerksamkeit auf das kleinste Detail, um eine harmonische und ansprechende Atmosphäre zu schaffen. Kunst und Ästhetik faszinieren ihn sehr und er besucht gerne Ausstellungen und Konzerte, um sich inspirieren zu lassen und sich zu erholen. Mitfühlend zeigt er anderen seine Unterstützung und hilft, so gut er kann, wenn jemand ein Problem hat. Seine Verantwortung übernimmt er gerne, sei es durch karitative Tätigkeiten oder durch sein Engagement im lokalen Verein.

Wie kann Frank diese Zahl nutzen?

Frank hat eine starke innere Sehnsucht nach Empathie und Zuneigung, wodurch seine Gefühle schnell die Kontrolle verlieren. In Beziehungen wird er anhänglich und neigt dazu, eifersüchtig zu reagieren. Dies kann oft zu schwerwiegenden Konflikten führen. Es ist wichtig, dass Frank seine negativen Emotionen in Schach hält und sich bewusst macht, wie viel Schaden Eifersucht anrichten kann. Eine erfüllte Beziehung basiert auf Vertrauen und Respekt gegenüber dem Partner. Es ist wichtig, dass Frank Toleranz zeigt und seinem Partner ausreichend Freiraum gibt. Wenn etwas ihn beschäftigt, sollte er darüber sprechen, da viele Bedenken durch ein gutes Gespräch ausgeräumt werden können. Die Beziehung sollte auf Augenhöhe geführt werden, was auch bedeutet, dass Frank seine Einstellung zu traditionellen Rollenverteilungen innerhalb der Beziehung überdenken sollte. In finanzieller Hinsicht ist es wichtig, dass Frank ein gesundes Maß beibehält, um Geldsorgen zu vermeiden. Ein Notgroschen zu haben ist sinnvoll, aber es ist auch wichtig, dass Frank sich gelegentlich etwas Luxus gönnt. Das Ansparen von Geld, ohne es zu nutzen, bringt keinen Nutzen. Stattdessen sollte Frank es sinnvoll einsetzen, um sich die Dinge zu leisten, die ihm wichtig sind.

Die Persönlichkeitszahl 1

Was verrät sie uns über Frank?

Frank zeichnet sich durch seinen Drang nach Erfolg und Macht aus. Er fühlt sich als Anführer wohl und präsentiert sich selbstbewusst als jemand mit starken Führungsqualitäten. Sowohl in beruflicher als auch in privater Hinsicht übernimmt Frank die Führung und lenkt die Menschen um ihn herum. Dank seiner Fähigkeit, die Talente und Stärken anderer zu erkennen, kann er ihnen realistische Erwartungen stellen und sie motivieren, ihre Aufgaben erfolgreich auszuführen. Frank ist ein inspirierender Visionär, der keine Probleme hat, sich selbst zu motivieren und jede Herausforderung, die er annimmt, erfolgreich zu bewältigen.

Wie kann Frank diese Zahl nutzen?

Frank bevorzugt es, unabhängig zu arbeiten und eigene Entscheidungen zu treffen. Es fällt ihm schwer, Befehle von anderen anzunehmen. Dennoch sollte er auf die Meinungen seiner Mitmenschen achten und offen für deren Ideen und Rat sein. Indem er seinen Mitmenschen die Freiheit gibt, ihren eigenen Weg zu gehen, kann Frank positive Überraschungen erleben. Soziale Kontakte sind für jeden wichtig, deshalb sollte Frank bemüht sein, aktiv Kontakte zu knüpfen und die Gesellschaft anderer zu suchen.

Die Herzenszahl 5

Frank lebt nach dem Motto „Leben und leben lassen". Er schätzt jeden Augenblick und möchte sein Leben mit erinnerungswürdigen Erfahrungen füllen. Dieser wissbegierige Mensch liebt es, neue Dinge zu lernen und Abenteuer zu erleben, was ihn immer wieder in ferne Länder und Kulturen zieht. Ein Leben ohne Feiern und Begegnungen mit anderen begeisterungsfähigen Menschen ist für ihn unvorstellbar.

Frank ist ein freiheitsliebender, unkonventioneller Mensch mit einer unruhigen Seele. Der Gedanke an ein eintöniges Alltagsleben beängstigt ihn, weswegen er stets auf der Suche nach Abwechslung ist. Er hat keine Angst vor Veränderungen und begegnet ihnen stattdessen mit Leidenschaft. Eine Routine würde ihm die Luft zum Atmen rauben, weswegen er immer wieder neue Interessen verfolgt und sein Leben auf den Kopf stellt.

Die Schicksalszahl 6

Was verrät sie uns über Frank?

Frank lebt ein Leben, das von friedlichen und harmonischen Beziehungen geprägt ist. Er bevorzugt eine Umgebung, die von Wärme und Zuneigung erfüllt ist und teilt diese Eigenschaften selbst gerne mit anderen. Diejenigen, die Frank umgeben, schätzen seine angenehme Persönlichkeit und seine positive Ausstrahlung und verbringen gerne Zeit in seiner Gesellschaft. Geduld, Toleranz und Verständnis sind Eigenschaften, die Frank auszeichnen. Jeder wird von ihm mit Freundlichkeit und Höflichkeit behandelt und er ist stets voller Energie und Lebensfreude, die er gerne teilt. Er ist immer aufmerksam auf die Bedürfnisse derer, die ihm nahe stehen und kümmert sich aufopferungsvoll um sie, bereit alles zu tun, um ihnen zu helfen. Frank bietet Schutz und Trost für diejenigen, die es benötigen und unterstützt seine Familie und Freunde auf jede erdenkliche Weise. Wenn er keine Familie hat, in der er seine väterlichen Instinkte ausleben kann, findet er Trost in seiner Arbeit oder verwöhnt ein Haustier mit seiner Fürsorglichkeit.

Frank ist ein Mensch, der Verantwortung und Loyalität schätzt. Sein Sinn für Gerechtigkeit und seine ausgeprägte Wahrhaftigkeit zeigen sich in seinen Beziehungen zu anderen. Freunde können sich auf sein Versprechen verlassen, vertrauliche Informationen sicher zu bewahren. Im Falle eines Vertrauensbruchs würde Frank unter schwerwiegenden Schuldgefühlen leiden. In Konfliktsituationen bemüht er sich stets um eine gerechte Lösung für alle Parteien und zeigt dabei ein beeindruckendes Durchsetzungsvermögen. Frank geht Verpflichtungen zuverlässig und mit Tatkraft nach. Schwierigkeiten und Gefahren stellen für ihn keine Hindernisse dar, im Gegenteil, er trifft mutig und umsichtig Entscheidungen. Auch im privaten Bereich legt Frank viel Wert auf Ästhetik und Gestaltung. Er ist ein begnadeter Gastgeber und verwöhnt seine Gäste gerne. Sein Sinn für Kunst und Schönheit drückt sich nicht nur in seiner Begeisterung für kreative Tätigkeiten aus, sondern auch in seiner Liebe zur Suche nach wunderschönen Dingen. Beruflich fühlt sich Frank am wohlsten in einer führenden Position, in der er Verantwortung übernehmen und Entscheidungen treffen kann. Sein Durchsetzungsvermögen, seine Fürsorglichkeit und seine charismatische Ausstrahlung machen ihn zu einem beliebten Vorgesetzten. Frank würde im sozialen Sektor oder in beratenden oder lehrenden Funktionen besonders glücklich werden, da er gerne anderen hilft.

Wie kann Frank diese Zahl nutzen?

Frank ist ein Mensch, der von Natur aus friedliebend ist. Durch seinen Hang zur harmonischen Umgebung, bemüht er sich Konflikte zu vermeiden oder zu lösen. Er nimmt sich Zeit, um seine Handlungen zu überdenken und zu bewerten, je nach Ursache eines Konflikts. In manchen Fällen ist es ratsam, Konfrontation zu suchen, in anderen Fällen sollte man lieber Ruhe bewahren und Konflikte vermeiden. Frank achtet auf die Balance seiner Fürsorglichkeit und vermeidet es, Menschen in seiner Umgebung einzuengen. Besonders bei den Menschen, die ihm wichtig sind, ist es wichtig, sie nicht emotional abhängig zu machen. Wahre und echte Liebe kann nur freiwillig gegeben werden. Frank setzt sein eigenes Bedürfnis nach Anerkennung zurück und ermöglicht es so seinen Mitmenschen, sich frei zu entfalten. Er weiß, dass es wichtig ist, Verantwortung für das eigene Leben zu übernehmen und Selbstbewusstsein zu entwickeln. Es ist wichtig, Fehler zu machen und aus ihnen zu lernen. Frank erinnert sich immer wieder daran, dass Liebe eines der Dinge ist, die nicht weniger werden, wenn man sie teilt. Daher braucht er keine Eifersucht zu empfinden, wenn er nicht der einzige wichtige Mensch in seiner Umgebung ist. Er besitzt eine gute Menschenkenntnis und ist nicht naiv gegenüber anderen. Trotzdem bezweifelt er oft die Aufrichtigkeit von Komplimenten, da er ein ungenaues Selbstbild hat. Er sollte sein Misstrauen gegenüber anderen ablegen, die ihnen stattdessen Anerkennung zeigen. Zudem sollte er lernen, ein Dankeschön anzunehmen und sich selbst zugestehen, dass er lobenswert ist und an seine Fähigkeiten glauben.

Die Geburtstagszahl 9

Was verrät sie uns über Frank?

Frank ist eine Person, die voller Leidenschaft und Tatendrang ist. Er hat klare Ziele und geht jede Herausforderung mit Entschlossenheit und Leichtigkeit an. Frank liebt es, die Welt zu erkunden und neue Erfahrungen zu sammeln, auch auf spiritueller oder religiöser Ebene. Mit seiner aufgeschlossenen und freundlichen Persönlichkeit wirkt er auf andere sehr sympathisch und zeigt Verständnis für die Probleme und Schwierigkeiten, denen andere Menschen begegnen. Als äußerst hilfsbereiter Mensch ist er immer bereit, andere zu unterstützen. Seine engeren Beziehungen sind geprägt von ehrlichen und tiefen Gefühlen und Liebe und ein liebevoller Umgang miteinander ist ihm sehr wichtig. Seine Ideale und Wertvorstellungen haben für ihn ebenfalls große Bedeutung und er setzt sich mutig für seine Überzeugungen ein, auch wenn es Widerstände gibt. Frank nimmt seine beruflichen Verpflichtungen sehr ernst und investiert viel Ehrgeiz in seine Karriere, was ihm die verdiente Anerkennung einbringt. Je größer die Herausforderung, desto besser ist seine Leistung und mit seiner enormen Energie bewältigt er seine Aufgaben mit beeindruckender Produktivität.

Wie kann Frank diese Zahl nutzen?

Frank sollte sich die Fähigkeit aneignen, seine Gefühle zu kontrollieren und bei negativen Emotionen schnell wieder in ein seelisches Gleichgewicht zu kommen. Frank neigt wahrscheinlich dazu, schlechte Erfahrungen aus der Vergangenheit noch lange mit sich herumzutragen. Deshalb sollte er auch besonderen Fokus darauf legen, solche belastenden Dinge endlich loszulassen. Dies erfordert, dass er sich ihnen emotional stellt und sowohl Zeit als auch Energie investiert, um eine Lösung zu finden. Einfach weiter machen und das Beste hoffen, wird hierbei nicht funktionieren. Frank ist Mensch mit Führungsqualitäten und es ist wichtig, dass er seine Haltung ganz klar vertreten kann. Dabei sollte er darauf achten, seinen Mitmenschen nicht vor den Kopf zu stoßen. Denn er neigt durchaus dazu, eine sehr direkte Art an den Tag zu legen. Mit seinen Qualitäten ist es für Frank ebenfalls wichtig, ständig an seinen Fähigkeiten zu arbeiten und besser zu werden. Dies gilt auch für seine seelische Reife. Wenn er seine Fähigkeiten auf allen Ebenen ausbaut, dann wird er seiner Anführerrolle gerecht, befindet sich im Einklang mit seinen Zahlen und erfährt eine tiefe Erfüllung im Leben. Mit zunehmendem Können wächst auch das Selbstvertrauen. Frank muss bereit sein, Risiken einzugehen, muss dabei jedoch von Situation zu Situation genau abwägen, welches Maß an Risiko angemessen ist.

Die Schicksalswegzahl 6

Frank legt großen Wert auf die Liebe und Unterstützung der Menschen, die ihm nahestehen. Für ihn steht die Verantwortung, für sie da zu sein, an erster Stelle, um ihnen in jeder Lebenslage zu helfen. Doch Frank ist sich bewusst, dass er nicht besitzergreifend sein darf und seinen Liebsten genügend Freiraum lassen muss. Er akzeptiert, dass jeder seine eigene Lebensgestaltung hat und seinen eigenen Weg geht. Er teilt gerne seine Erfahrungen und Erkenntnisse mit anderen, vertraut aber auch auf ihre Fähigkeiten und lässt sie ihre eigene Verantwortung übernehmen. Er weiß, dass er sie nicht vor allem beschützen kann und lernt daher, loszulassen und ihnen zu helfen, wenn sie es brauchen. Seine Liebe und Intuition leiten ihn in seinen Handlungen, während sein ausgeprägter Gerechtigkeitssinn ihm ein Gespür für richtig und falsch gibt. Frank begegnet anderen mit Toleranz und ohne Vorurteile, was ihm durch seine Empathie leicht fällt, da er sich gut in die Lage seiner Mitmenschen hineinversetzen kann.

Ein schönes und liebevoll eingerichtetes Zuhause ist für Frank von großer Bedeutung, da es ihm ein Gefühl von Harmonie und Geborgenheit vermittelt. Er lebt seine kreative Schöpfungskraft gerne auch in Form von Kunst oder Musik aus, um abzuschalten und zu entspannen. In seinen Beziehungen legt Frank Wert auf eine gleichberechtigte Partnerschaft, in der Romantik, Liebe und eine erfüllte Sexualität eine gleichermaßen wichtige Rolle spielen. Er lässt sich nicht von konservativen Rollenmustern und Denkweisen leiten, sondern ist offen für neue Wege.

Die Lebenszielzahl 3

Frank ist ein Mensch, der einen unstillbaren Durst nach Wissen hat. Seine Augen sind immer offen und neugierig auf die Welt gerichtet und er möchte so viel lernen, wie es ihm möglich ist. Für ihn ist jede Lebenssituation eine Gelegenheit, einen Lernprozess zu durchlaufen und aus Erfahrungen zu lernen. Auch wenn nicht alles in seinem Leben glattläuft, sieht er darin eine Chance, um tiefe Einsichten in den Sinn des Lebens zu gewinnen und Antworten auf die großen Fragen dieser Welt zu finden. Doch nicht nur das eigene Wissen treibt Frank an, sondern auch der Wunsch, anderen in ihrem Selbstheilungsprozess zu helfen. Er versteht, dass Heilung ein Prozess ist, der von innen heraus geschieht, und er möchte anderen helfen, ihre eigenen Heilkräfte zu entdecken und zu aktivieren. Dabei geht er einfühlsam und achtsam vor und gibt anderen den Raum, den sie benötigen, um ihre eigene Heilung zu erfahren.

Frank ist auch ein Mensch, der in allem, was er tut, seine Kreativität ausdrückt. Seine Kunst und Musik sind Ausdruck seiner Seele und ermöglichen ihm, abzuschalten und zu entspannen. Dabei entdeckt er immer wieder neue Facetten seiner Persönlichkeit und findet neue Wege, um sich auszudrücken. In allem, was er tut, ist Frank von einer tiefen Liebe und Empathie für andere Menschen getragen. Er versteht, dass jeder Mensch seinen eigenen Weg geht und dass es wichtig ist, anderen den Raum zu geben, den sie brauchen, um sich zu entfalten. Dabei geht er mit Toleranz und ohne Vorurteile auf andere zu und ist immer bereit, anderen mit tröstenden Worten und helfenden Händen zur Seite zu stehen.

Die Seelenmotivationszahl 7

Frank sollte eine optimistische Sichtweise entwickeln und an sich selbst und seine Fähigkeiten glauben. Wenn er das tut, kann er alle Herausforderungen, denen er sich stellen muss, meistern. Es ist wichtig, dass er seine Versagensängste überwindet, die immer wieder in ihm hochkommen. Frank hat die Fähigkeit, Dinge zu erkennen, die andere nicht sehen können und er kann wahres von unwahrem unterscheiden. Mit seinem scharfen Verstand wird er die richtigen Entscheidungen treffen, wenn er auf seine Intuition und Fähigkeiten vertraut.

Frank hat auch eine wunderbare Persönlichkeit. Er hat viel Wärme und Mitgefühl zu vergeben und er sollte auf andere Menschen zugehen und sich ihnen öffnen. Mit seiner freundlichen und liebevollen Art wird er andere für sich gewinnen.

Es ist auch wichtig, dass Frank sein Herz und seinen Geist für eine spirituelle Sichtweise auf die Welt und das Leben öffnet. Durch die Beschäftigung mit Spiritualität kann er innerliche Erfüllung finden. Er sollte die Stille suchen, um in sich hineinzufühlen und sich mit seinem Innersten auseinanderzusetzen, um Selbsterkenntnis zu erlangen. Aus diesem gewonnenen inneren Gleichgewicht und der entwickelten inneren Stärke kann er Kraft schöpfen und sich mit neuer Energie der Außenwelt stellen.

Weitere Berechnungen in der Numerologie – Jahres- und Monatszahlen

An dieser Stelle kennen Sie bereits ein weites Spektrum an Berechnungsmöglichkeiten in der Numerologie. Mithilfe der in diesem Buch vorgestellten Zahlen, haben Sie das Handwerkszeug, um sich selbst und Ihr Leben von Grund auf zu verändern. Darüber hinaus bietet die Numerologie noch viele weitere Möglichkeiten der Berechnung. Wenn Sie sich weiter mit dem Thema auseinandersetzen, dann werden Sie mit der Zeit immer tiefer in die Materie eintauchen und Ihren Horizont immer mehr erweitern. An dieser Stelle wollen wir uns kurz und prägnant die Jahres- und Monatszahlen ansehen, da auch diese Zahlen für Sie interessant sein könnten. Schließlich haben sie einen direkten Bezug auf die aktuelle Zeit, die wir betrachten möchten. Der Einblick in diese Zahlen kann daher sehr praktisch sein und uns in unserem alltäglichen Tun eine klare Richtung weisen.

Tatsache ist, dass jede Jahreszahl eine eigene oder spezifische Kraft, Energien und Herausforderungen aufweist. Egal, ob positive oder negative Rahmenbedingungen vorherrschen. Als Erstes lohnt es sich, sich die Jahreszahl anzuschauen und kennenzulernen. Indem wir uns das von uns errechnete Jahr ansehen, können wir tiefer in unsere ureigene Energie vordringen und die Hindernisse, mit denen wir uns konfrontiert sehen, verstehen. Wenn man diesen Energiefluss, diesen besonderen Einfluss auf uns, versteht, sollte man in der Lage sein, die Auswirkungen dieser Jahreszahl zu nutzen, um neue Ziele zu erreichen und dazu befähigt sein, die inneren Kräfte voll auszuschöpfen – alles jenseits unserer normalen Fähigkeiten. Die persönliche Jahreszahl und die Monatszahlen verraten vieles über Ihre Aktivitäten und Unternehmungen in einem bestimmten Zeitraum. Dies ist besonders wichtig, wenn Sie ein Projekt abschließen oder einen Neubeginn planen. Auch die beste Zeit für einen Urlaub oder ein Familienfest kann durch die persönliche Jahreszahl und die Monatszahlen festgelegt werden. Mithilfe dieser Zahlen kann man auf lange Sicht ein gutes Urteilsvermögen über seine Pläne erlangen und somit zu einem zufriedenstellenden Ergebnis kommen. Alle 9 Jahre wiederholt sich ein Zyklus von Jahresaufgaben. Obwohl die Grundthemen dieselben sind, beinhalten sie mehr Komplexität. Indem wir uns weiterentwickeln, sind wir in der Lage, mit neuen Situationen umzugehen und dank unserer Erfahrungen können wir alternative Lösungen finden.

Berechnung der universalen Jahreszahl

Bei der universalen Jahreszahl wird die Quersumme des aktuellen Kalenderjahres gebildet. Für das Jahr 2023 wäre die Rechnung also:

2 + 0 + 2 + 3 = 7

Das Jahr 2023 steht also unter dem Zeichen der Grundzahl 7 mit ihrer entsprechenden Bedeutung. Diese Zahl gilt universal für jeden von uns.

Berechnung der persönlichen Jahreszahl

Hierbei wird als Berechnungsgrundlage das Geburtsdatum verwendet, nur anstatt unseres Geburtsjahres wählen wir den Jahreszeitraum, für den wir unsere persönliche Jahreszahl bestimmen möchten. Wenn Sie zum Beispiel am 18.01.1975 geboren wurden und ihre persönliche Jahreszahl für das Jahr 2023 herausfinden möchten, dann gilt als Berechnungszeitraum der 18.01.2023 bis 18.01.2024. Demnach besteht die persönliche Jahreszahl aus Ihrem Geburtstag, Ihrem Geburtsmonat und hinzukommt die Energie des ausgewählten Jahres.

Also: 1 + 8 + 0 + 1 + 2 + 0 + 2 + 3 = 17 = 1 + 7 = 8

In dem Fall wäre Ihre persönliche Jahreszahl 8, welche Sie Monat für Monat begleitet und bis zum 18.01.2024 gültig ist.

Kurz und knapp: Übersicht der persönlichen Jahreszahlen 1 bis 9

Jahreszahl	Bedeutung	Wie Sie die Zahl nutzen können
1	Neuanfang	Die Jahreszahl 1 wird Ihnen helfen, mit Dynamik etwas Neues zu beginnen, nach etwas Größerem und Besserem für das Gemeinwohl zu streben, an sich selbst zu glauben und Ordnung und Freiheit in Ihrem Leben zu schaffen.
2	Verbindungen, Kooperation, Unterstützung	Die Jahreszahl 2 unterstützt Sie dabei, Ihre Berufung zu finden, Ihre Wahrnehmung zu entwickeln, sich mit anderen auszutauschen und Klarheit und Zielsetzung zu haben.
3	Jubel, Heiterkeit und Freude	Die Jahreszahl 3 beschreibt ein Jahr für Beziehungen, Lernen, Veränderungen und Selbstfindung.
4	Anordnung, Organisation und Systematik	Die Jahreszahl 4 ist ein gutes Jahr, um Dinge zu erledigen, Verantwortung zu übernehmen, das Leben zu genießen, Geld zu verdienen und die Natur zu schätzen. Im Fokus steht die Leichtigkeit, die man teilweise mehr in sein Leben lässt.
5	Ungebundenheit, Reisen und Erkundungen	Die Jahreszahl 5 unterstützt Sie beim Sprengen von Grenzen, Weitergeben von Wissen und beim Finden einer Ordnung.
6	Lebenskraft, Perfektionsstreben	Die Jahreszahl 6 erinnert uns daran, wie wichtig Familie ist und dass wir uns mit ihr, wenn nötig, aussöhnen sollen. Sie steht für Familie, Freundschaft, Liebe und Rat.
7	Weisheit, Geistigkeit, Zufriedenheit und Harmonie	Das Jahr 7 ist ein gutes Jahr, um sich auf persönliches Wachstum, Kreativität und Spiritualität zu konzentrieren.
8	Materielle Dinge, mentale Entschlossenheit und Kraft	Das Jahr wird Ihnen helfen, sich mit Ihrer Vergangenheit zu versöhnen, Verantwortung für Ihr Leben zu übernehmen und Ausgeglichenheit, Fairness, Mut und Liebe zu erreichen.
9	Erneuerung sowie die Veränderung	Ein Jahr der Transformation, des Gebens ohne Erwartungen, der Neugier und der Aufgeschlossenheit.

Berechnung der persönlichen Monatszahlen

Jeder Mensch hat seine persönlichen Monatszahlen. Diese geben Aufschluss darüber, welche Aktivitäten und Pläne sich zu einem bestimmten Zeitpunkt günstig auf unser Leben auswirken können. Durch das Erkennen der persönlichen Monatszahlen können wir optimale Entscheidungen treffen und vorhersehbare Faktoren besser einschätzen. Mit einer klugen Interpretation können wir frühzeitig sehen, wie wir uns zu einer bestimmten Zeit verhalten sollten. Darüber hinaus können uns die persönlichen Monatszahlen auch vorhersehbare Ereignisse und Situationen erkennen lassen.

Die persönliche Monatszahl setzt sich aus der persönlichen Jahreszahl und der jeweiligen Monatszahl zusammen. Bei den „gewöhnlichen" Monatszahlen entspricht jede Zahl dem jeweiligen Monat. Januar ist der erste Monat und hat die Monatszahl 1. Der Februar hat die 2, der März die 3 usw. Bei der persönlichen Jahreszahl haben wir in unserem Beispiel die 8 als Ergebnis errechnet (1 + 8 + 0 + 1 + 2 + 0 + 2 + 3 = 17 = 1 + 7 = 8). Der Zeitraum, den wir in diesem Beispiel gewählt haben, war der 18.01.2023 bis 18.01.2024. Mithilfe der persönlichen Monatszahlen können Sie nun genauer bestimmen, was jeden einzelnen Monat in diesem Zeitraum auf Sie zukommt. Das Ganze sollten Sie möglichst übersichtlich darstellen:

Januar	8 + 1 = 9
Februar	8 + 2 = 10 = 1 + 0 = 1
März	8 + 3 = 11 stehen lassen oder weiter reduzieren zu 1 + 1 = 2
April	8 + 4 = 12 = 1 + 2 = 3
Mai	8 + 5 = 13 = 1 + 3 = 4
Juni	8 + 6 = 14 = 1 + 4 = 5
Juli	8 + 7 = 15 = 1 + 5 = 6
August	8 + 8 = 16 = 1 + 6 = 7
September	8 + 9 = 17 = 1 + 7 = 8
Oktober	8 + 10 = 18 = 1 + 8 = 9
November	8 + 11 = 19 = 1 + 9 = 10 = 1 + 0 = 1
Dezember	8 + 12 = 20 = 2 + 0 = 2

Wenn Sie Ihre persönlichen Monatszahlen bestimmt haben, dann können Sie nun die Bedeutung dieser Zahlen (Grund-, Doppel- oder Meisterzahlen) nachschlagen und eine Analyse für jeden Monat des von Ihnen gewählten Betrachtungszeitraums durchführen. Darauf aufbauend können Sie dann schauen, ob Sie manche Monate für bestimmte Aktivitäten nutzen möchten oder ob Sie bereits gemachte Termine verschieben, da ein anderer Monat numerologisch besser dafür geeignet wäre.

Hier ein Beispiel:

Der Monat Januar, repräsentiert durch die Monatszahl 1, lädt Sie ein, Ihr Leben neu zu gestalten und Ihre Ziele zu erreichen. Diese Monatszahl unterstützt Sie bei der Inspiration und hilft Ihnen, tolerant, verständnisvoll und großzügig zu sein. Es lädt Sie auch ein, aktiv und kreativ zu werden und auf Struktur und Ordnung achten. Durch Selbstvertrauen und Selbstbewusstsein können Sie mit Zuversicht Entscheidungen treffen, die Ihnen helfen, Ihre Ziele zu erreichen. Nutzen Sie die Chance, die Ihnen der Januar bietet, und starten Sie mit einem neuen Kapitel in Ihrem Leben. Gemäß der Grundzahl 1, steht also auch der Januar für Themen wie Neuanfang, Pioniergeist, Einheit und Erkenntnis.

In dem obigen Beispiel haben wir als Ergebnis für unsere persönliche Monatszahl Januar die 9. Welche Eigenschaften trägt diese Zahl in diesem Monat mit sich? Es werden wahrscheinlich die Themen Verantwortungsbewusstsein, Neuordnung und persönliche Entwicklung im Vordergrund stehen. Ein neues Jahr, neue Herausforderungen und die Chance auf neues Glück. Dieser Monat gibt uns die Chance, Verantwortung für uns selbst und andere zu übernehmen.

Im nächsten Schritt müssen Sie passenden Fragestellungen zu diesen Schlüsselthemen formulieren. So eine Frage könnte sein: „Was für Ideen schwirren mir durch den Kopf, die ich in diesem Monat umsetzen sollte?“. Oder Sie brauchen erst eine Idee für eine bestimmte Situation oder ein Vorhaben und nutzen den Januar, um sich intensiv mit Ihrer Gedankenwelt auseinanderzusetzen? Gehen Sie in sich und finden Sie heraus, was Sie ganz persönlich mit Ihren spezifischen Veranlagungen und Ihrer ganz eigenen Situation in diesem Monat in den Vordergrund stellen möchten.

Nutzen Sie dabei auch die Berechnungen Ihrer anderen persönlichen Zahlen, um Ihre Interpretation noch exakter auszulegen und die korrekte Richtung zu bestimmen. Bei diesen Formulierungen merken Sie schon, dass die Zahlen der Numerologie wirklich korrekt „interpretiert“ werden müssen. Aus der Summe aller Zahlen ergibt sich ein Gesamtbild, welches aus mehreren Blickwinkeln betrachtet werden kann. Je mehr Ihrer Zahlen in Ihre Gesamtdeutung fließen, desto genauer wird Ihre Interpretation ausfallen. Wenn Sie etwas Übung haben, dann werden Sie feststellen, dass es bei der Analyse und Interpretation zu einem „Aha!“- Moment kommen kann. Dies ist der Zeitpunkt, an dem der Groschen gefallen ist. Nachdem Sie einige Zeit in die Berechnung gesteckt haben und immer wieder die Bedeutung der Zahlen durchgegangen sind, haben Sie am Ende ein harmonisches Ergebnis erlangt, welches Ihnen ein gutes Bauchgefühl gibt. Vielleicht mussten Sie einige Dinge mehrmals überdenken oder Sie kamen im Nachhinein zu dem Entschluss, dass Sie Ihren zweiten Vornamen besser nicht in die Berechnung einbeziehen, da dieser bei genauerer Betrachtung keine große Rolle in Ihrem Leben spielt. So kann dann aus einer disharmonischen Zahlenkombination plötzlich etwas entstehen, bei dem Sie förmlich spüren, dass Sie jetzt auf dem richtigen Weg sind.

Abschließende Worte

Die Numerologie kann uns helfen, tiefer in die wahre Bedeutung des Lebens einzudringen und so eine bewusstere Einstellung zu entwickeln. Wer bin ich? Woher komme ich? Wofür bin ich bestimmt? All das sind Fragen, denen ein Großteil von uns irgendwann im Laufe des Lebens begegnet. Mithilfe der Numerologie können wir den Antworten auf all diese Fragen näherkommen. Jede Zahl ist ein Symbol, das eine ganz spezielle energetische Energie beinhaltet, und alle Zahlen zusammen sind ein Spiegel von uns selbst: Wir sind mehr als nur Namen und Geburtsdaten, mehr als die Summe unserer irdischen Erfahrungen. Wir sind eine universell gesprochene Intelligenz, die in jedem und allem Spezielles findet.

Durch die Entschlüsselung des eigenen Zahlencodes ist es möglich, die eigene Persönlichkeit besser zu verstehen. Es stärkt das Bewusstsein für die eigene Bestimmung und ermöglicht es, den besten Weg zu finden, sein Leben zu gestalten. Wir lernen, dass wir unser Schicksal nicht erleben müssen, sondern dass wir es selbst gestalten und uns selbst vervollkommnen können. Die Numerologie ist daher ein hilfreicher Weg, um sich selbst in seiner Gesamtheit und dem Universum wieder näherzukommen. Indem wir auf unsere Intuition hören und die innere Verbundenheit annehmen, kann sie uns helfen, persönlich zu wachsen. Es ist ein lebenslanger Prozess, aber dadurch schaffen wir einen wertvollen Rahmen, in dem wir uns selbst besser kennenlernen und uns durch Beschäftigung mit unseren Einzigartigkeiten teilweise unserer ureigenen Wirklichkeit nähern. Die Lehren der Numerologie sind ein mächtiges Instrument, um uns auf unserem Weg zu uns selbst zu begleiten und die eigene Lebensreise zu bewältigen.

Daher können wir Sie nur ermutigen, sich über dieses Buch hinaus weiterhin mit der Thematik zu beschäftigen. Es kann vorkommen, dass es bei Ihnen etwas Zeit benötigt, bis Sie die Auswirkungen der Zahlen in Ihrem Leben wirklich wahrnehmen. Das ist vollkommen OK, denn wie gesagt, handelt es sich hierbei um einen Lernprozess, der ein Leben lang andauern darf. Bleiben Sie beharrlich und öffnen Sie Ihren Blick für die Dinge im Leben, welche den meisten anderen Menschen ewig verborgen bleiben. Dann werden Sie erkennen, dass das Leben mehr ist als das, was wir alltäglich wahrnehmen und dass die Möglichkeiten, die es uns bietet, praktisch unbegrenzt sind. Das ist es, was wir Ihnen von ganzem Herzen wünschen!

Ihre persönlichen Zahlen

1	2	3	4	5	6	7	8	9
A	B	C	D	E	F	G	H	I
J	K	L	M	N	O	P	Q	R
S	T	U	V	W	X	Y	Z	

Vorname **Nachname**

_ _

Namenszahl

_ _

Herzenszahl

_ _

Persönlichkeitszahl

_ _

Geburtsdatum

__ __ __ __ __ __ __ __

Ergebnisse

Namenszahl ___
Herzenszahl ___
Persönlichkeitszahl ___

Schicksalszahl ___
Geburtstagszahl ___

Schicksalswegzahl ___
Lebenszielzahl ___

Seelenmotivationszahl ab Geburt ___
Seelenmotivationszahl ab Heirat ___

Zur Erinnerung

Namenszahl = Alle Buchstaben durch Zahlen ersetzen und zusammenrechnen

Herzenszahl = Alle Vokale durch Zahlen ersetzen und zusammenrechnen

Persönlichkeitszahl = Alle Konsonanten durch Zahlen ersetzen und zusammenrechnen

Schicksalszahl = Summe der Zahlen des Geburtsdatums

Geburtstagszahl = Quersumme des TAGES der Geburt

Schicksalsweg = Summe Herz- und Persönlichkeitszahl

Lebensziel = Summe aus Schicksals- und Namenszahl

Seelenmotivationszahl = Summe Anfangsbuchstaben Vor- und Nachname

Ihre persönlichen Zahlen

1	2	3	4	5	6	7	8	9
A	B	C	D	E	F	G	H	I
J	K	L	M	N	O	P	Q	R
S	T	U	V	W	X	Y	Z	

Vorname **Nachname**

_ _ _ _ _ _ __ ______________________________

Namenszahl

_ _ _ _ _ _ __ ______________________________

Herzenszahl

_ _ _ _ _ _ __ ______________________________

Persönlichkeitszahl

_ _ _ _ _ _ __ ______________________________

Geburtsdatum

__ __ __ __ __ __ ____

Ergebnisse

Namenszahl ___
Herzenszahl ___
Persönlichkeitszahl ___

Schicksalszahl ___
Geburtstagszahl ___

Schicksalswegzahl ___
Lebenszielzahl ___

Seelenmotivationszahl ab Geburt ___
Seelenmotivationszahl ab Heirat ___

Zur Erinnerung

Namenszahl = Alle Buchstaben durch Zahlen ersetzen und zusammenrechnen

Herzenszahl = Alle Vokale durch Zahlen ersetzen und zusammenrechnen

Persönlichkeitszahl = Alle Konsonanten durch Zahlen ersetzen und zusammenrechnen

Schicksalszahl = Summe der Zahlen des Geburtsdatums

Geburtstagszahl = Quersumme des TAGES der Geburt

Schicksalsweg = Summe Herz- und Persönlichkeitszahl

Lebensziel = Summe aus Schicksals- und Namenszahl

Seelenmotivationszahl = Summe Anfangsbuchstaben Vor- und Nachname

Ihre persönlichen Zahlen

1	2	3	4	5	6	7	8	9
A	B	C	D	E	F	G	H	I
J	K	L	M	N	O	P	Q	R
S	T	U	V	W	X	Y	Z	

Vorname **Nachname**

_ _

Namenszahl

_ _

Herzenszahl

_ _

Persönlichkeitszahl

_ _

Geburtsdatum

__ __ __ __ __ __ __ __

Zur Erinnerung

Namenszahl = Alle Buchstaben durch Zahlen ersetzen und zusammenrechnen

Herzenszahl = Alle Vokale durch Zahlen ersetzen und zusammenrechnen

Persönlichkeitszahl = Alle Konsonanten durch Zahlen ersetzen und zusammenrechnen

Schicksalszahl = Summe der Zahlen des Geburtsdatums

Geburtstagszahl = Quersumme des TAGES der Geburt

Schicksalsweg = Summe Herz- und Persönlichkeitszahl

Lebensziel = Summe aus Schicksals- und Namenszahl

Seelenmotivationszahl = Summe Anfangsbuchstaben Vor- und Nachname

Ergebnisse

Namenszahl ___
Herzenszahl ___
Persönlichkeitszahl ___

Schicksalszahl ___
Geburtstagszahl ___

Schicksalswegzahl ___
Lebenszielzahl ___

Seelenmotivationszahl ab Geburt ___
Seelenmotivationszahl ab Heirat ___

Ihre persönlichen Zahlen

1	2	3	4	5	6	7	8	9
A	B	C	D	E	F	G	H	I
J	K	L	M	N	O	P	Q	R
S	T	U	V	W	X	Y	Z	

Vorname **Nachname**

_ _

Namenszahl

_ _

Herzenszahl

_ _

Persönlichkeitszahl

_ _

Geburtsdatum

__ __ __ __ __ __ __ __

Ergebnisse

Namenszahl ___
Herzenszahl ___
Persönlichkeitszahl ___

Schicksalszahl ___
Geburtstagszahl ___

Schicksalswegzahl ___
Lebenszielzahl ___

Seelenmotivationszahl ab Geburt ___
Seelenmotivationszahl ab Heirat ___

Zur Erinnerung
Namenszahl = Alle Buchstaben durch Zahlen ersetzen und zusammenrechnen

Herzenszahl = Alle Vokale durch Zahlen ersetzen und zusammenrechnen

Persönlichkeitszahl = Alle Konsonanten durch Zahlen ersetzen und zusammenrechnen

Schicksalszahl = Summe der Zahlen des Geburtsdatums

Geburtstagszahl = Quersumme des TAGES der Geburt

Schicksalsweg = Summe Herz- und Persönlichkeitszahl

Lebensziel = Summe aus Schicksals- und Namenszahl

Seelenmotivationszahl = Summe Anfangsbuchstaben Vor- und Nachname

Ihre persönlichen Zahlen

1	2	3	4	5	6	7	8	9
A	B	C	D	E	F	G	H	I
J	K	L	M	N	O	P	Q	R
S	T	U	V	W	X	Y	Z	

Vorname **Nachname**

_ _

Namenszahl

_ _

Herzenszahl

_ _

Persönlichkeitszahl

_ _

Geburtsdatum

__ __ __ __ __ __ __ __

Ergebnisse

Namenszahl ___
Herzenszahl ___
Persönlichkeitszahl ___

Schicksalszahl ___
Geburtstagszahl ___

Schicksalswegzahl ___
Lebenszielzahl ___

Seelenmotivationszahl ab Geburt ___
Seelenmotivationszahl ab Heirat ___

Zur Erinnerung
Namenszahl = Alle Buchstaben durch Zahlen ersetzen und zusammenrechnen

Herzenszahl = Alle Vokale durch Zahlen ersetzen und zusammenrechnen

Persönlichkeitszahl = Alle Konsonanten durch Zahlen ersetzen und zusammenrechnen

Schicksalszahl = Summe der Zahlen des Geburtsdatums

Geburtstagszahl = Quersumme des TAGES der Geburt

Schicksalsweg = Summe Herz- und Persönlichkeitszahl

Lebensziel = Summe aus Schicksals- und Namenszahl

Seelenmotivationszahl = Summe Anfangsbuchstaben Vor- und Nachname

Quellenverzeichnis

Freepik.com: https://de.freepik.com/vektoren-kostenlos/blumenrahmen-dekoratives-grenzsammlungselement-fuer-design_26155482.htm#query=geschn%C3%B6rkel%20sch%C3%B6n&position=2&from_view=search&track=ais, Bild von Rochak Shukla auf Freepik

Freepik.com: https://de.freepik.com/vektoren-kostenlos/abstrakter-kreisfoermiger-geometrischer-elementvektor_3415812.htm#page=3&query=geschn%C3%B6rkel%20innovativ%20schwarz%20wei%C3%9F&position=7&from_view=search&track=ais, Bild von rawpixel.com auf Freepik

Freepik.com: https://de.freepik.com/vektoren-kostenlos/abstrakter-quadratischer-geometrischer-elementvektor_3415811.htm#page=3&query=geschn%C3%B6rkel%20innovativ%20schwarz%20wei%C3%9F&position=0&from_view=search&track=ais, Bild von rawpixel.com auf Freepik

Freepik.com: https://de.freepik.com/vektoren-kostenlos/schwarz-polyeder-partikel-hintergrund_948647.htm#page=2&query=geschn%C3%B6rkel%20innovativ%20schwarz%20wei%C3%9F&position=38&from_view=search&track=ais, Bild von starline auf Freepik

Freepik.com: https://www.freepik.com/free-vector/engraving-boho-element-collection_16695584.htm#from_view=detail_alsolike, Bild von pikisuperstar auf Freepik

Freepik.com: https://de.freepik.com/vektoren-kostenlos/dekorative-abstrakte-design_1051419.htm#query=geschn%C3%B6rkel%20sch%C3%B6n%20schwarz%20wei%C3%9F&position=0&from_view=search&track=ais, Bild von kjpargeter auf Freepik

Guhr-Biermann, S. (2016): „Die Opalia Numerologie: Zahlenmystik zur Persönlichkeitsanalyse“, Libellen, 4. Auflage 2016

Hasler, D. (2020): „Lebenszahlen - Einführung in die Numerologie: Menschen erkennen und besser verstehen. Zahlensymbolik für Alltag und Therapie. Geburtszahl berechnen, Lebensrad deuten und weitere praktische Anleitungen“, Giger Verlag, 1. Auflage

Held, W. (2017): „Alles ist Zahl: Was uns die Zahlen 1 bis 31 erzählen“, Freies Geistesleben, 3. Auflage 2017

Hellenbach, L. (2019): „Die Magie der Zahlen als Grundlage aller Mannigfaltigkeit und das scheinbare Fatum“, Literaricon, 1. Auflage 2019

Köstinger, G. (2016): „Numerologie: Die Wurzeln der Zahlenweisheit“, Silberschnur, 1. Auflage 2017

Mazza, E. (2021): „Die Numerologie von Orten und ihre Beziehung zu uns“, Akademie bios - Dr. Ernestina Mazza OG, 1. Auflage 2021

Mazza, E, (2018): „Psychologische Numerologie für Kinder und Jugendliche: Das Entfaltungspotenzial von Kindern und Jugendlichen erkennen und fördern“, Akademie bios - Dr. Ernestina Mazza OG, 1. Auflage 2018

McCants, G. (2005): „Kleines Handbuch der Numerologie: Was Ihre Zahlen über Sie und Ihr Schicksal verraten“, Goldmann, 1. Auflage 2005

McLean, P. (2014): „Alles neu in 7 Jahren: Das Geheimnis der Lebensrhythmen“, Knaur MensSana Taschenbuch, 7. Auflage 2014

Millman, D. (2020): „Die Lebenszahl als Lebensweg: Wie wir unsere Lebensbestimmung erkennen und erfüllen können“, Ansata, 4. Auflage 2020

Mohr, M. (2019): „Deine Zahlen, deine Sterne: Sich selbst erkennen, andere verstehen“, Silberschnur, 1. Auflage 2019

Moll, J. A. (2017): „Die Kraft der Zahl: Lebensaufgaben erkennen und meistern“, Freya, 1. Auflage 2017

Musil, W. (2011): „Numerologie der Seele: Der persönliche Schlüssel zur Botschaft des Vornamens“, Windpferd, 3. Auflage 2011

Neumayer, P. (2012): „Heilen mit Zahlen. Von der Zahlenmystik bis zum spirituellen Codesystem“, Mankau Verlag, 3. Auflage 2012

Osten, R.v. (1998): „Die Pflaumenblüten Numerologie: Die hohe Kunst der Voraussage“, Windpferd, 1. Auflage 1998

Stelzl, D. (2017): „Symbolik und Mystik der Zahlen“, Schirner Verlag, 2. Auflage 2017

Tschenze, V. (2012): „Matrix-Numerologie“, Silberschnur, 1. Auflage 2012

Wüst, E. (2014): „Das große Handbuch der Numerologie: Mit den Zahlen sich selbst erkennen“, Neue Erde, 4. Auflage 2014

Impressum

Haftungsausschluss

Die Nutzung dieses Buches und die Umsetzung der enthaltenen Informationen, Anleitungen und Strategien erfolgt auf eigenes Risiko. Der Autor kann für etwaige Schäden jeglicher Art aus keinem Rechtsgrund eine Haftung übernehmen. Haftungsansprüche gegen den Autor für Schäden materieller oder ideeller Art, die durch die Nutzung oder Nichtnutzung der Informationen bzw. durch die Nutzung fehlerhafter und/oder unvollständiger Informationen verursacht wurden, sind grundsätzlich ausgeschlossen. Rechts- und Schadenersatzansprüche sind daher ausgeschlossen. Dieses Werk wurde sorgfältig erarbeitet und niedergeschrieben. Der Autor übernimmt jedoch keinerlei Gewähr für die Aktualität, Vollständigkeit und Qualität der Informationen. Druckfehler und Falschinformationen können nicht vollständig ausgeschlossen werden. Es kann keine juristische Verantwortung sowie Haftung in irgendeiner Form für fehlerhafte Angaben vom Autor übernommen werden. Die bereitgestellten Analysen, Vorschläge, Ideen, Meinungen, Kommentare und Texte sind ausschließlich zur Information bestimmt und können ein individuelles Beratungsgespräch nicht ersetzen. Alle Informationen dieses Buches entsprechen dem Kenntnisstand zum Zeitpunkt des Verfassens dieses Buches. Eine Haftung für mittelbare und unmittelbare Folgen aus den Informationen dieses Buches ist somit ausgeschlossen. Informieren Sie sich weitläufig aus unterschiedlichen Quellen und bedenken Sie, dass am Ende nur Sie für die Entscheidungen verantwortlich sind.

Urheberrecht

Haftung für externe Links

Unser Angebot enthält Links zu externen Websites Dritter, auf deren Inhalte wir keinen Einfluss haben. Deshalb können wir für diese fremden Inhalte auch keine Gewähr übernehmen. Für die Inhalte der verlinkten Seiten ist stets der jeweilige Anbieter oder Betreiber der Seiten verantwortlich. Die verlinkten Seiten wurden zum Zeitpunkt der Verlinkung auf mögliche Rechtsverstöße überprüft. Rechtswidrige Inhalte waren zum Zeitpunkt der Verlinkung nicht erkennbar.

Walnussweg 4, 32339 Espelkamp; E-Mail: kontakt@upwings-verlag.de
ISBN: 978-3-9822173-9-0;

Printed in Poland
by Amazon Fulfillment
Poland Sp. z o.o., Wrocław

27638520R00069